A BRIEF HISTORY OF SCIENCE FOR CHILDREN

科学简史

少年简读版 ②

张玉光◎主　编

青岛出版集团 | 青岛出版社

图书在版编目（CIP）数据

科学简史：少年简读版 . 2 / 张玉光主编 . — 青岛：青岛出版社，2024.4
ISBN 978-7-5736-2187-0

Ⅰ . ①科… Ⅱ . ①张… Ⅲ . ①自然科学史—世界—少年读物 Ⅳ . ① N091-49

中国国家版本馆 CIP 数据核字（2024）第 075712 号

KEXUE JIANSHI （SHAONIAN JIANDU BAN）

书　　名 **科学简史**（少年简读版）
主　　编 张玉光
出版发行 青岛出版社（青岛市崂山区海尔路 182 号）
本社网址 http://www.qdpub.com
责任编辑 朱子菡　张　鑫
封面设计 刘　帅
排　　版 青岛艺鑫制版印刷有限公司
印　　刷 青岛新华印刷有限公司
出版日期 2024 年 4 月第 1 版　2024 年 4 月第 1 次印刷
开　　本 16 开（889mm×1194mm）
印　　张 20
字　　数 400 千
书　　号 ISBN 978-7-5736-2187-0
定　　价 136.00 元（全四册）
编校印装质量、盗版监督服务电话 4006532017　0532-68068050

在几千年前的原始社会，人们计数的方法是在绳子上打结；在新石器时代，就有人尝试过开颅手术；在古埃及建造金字塔时，就用到了物理学知识，即便当时人们还并不知道物理为何物；16 世纪以前，大多数人都以为地球是宇宙的中心，太阳也要绕着地球转……以上就是科学萌芽时的样子。

科学是什么？在《礼记 · 大学》中，有“致知在格物，格物而后知至”的名言，意思是自己获得知识的途径在于推究事物的原理，研究万事万物的规律。细想起来，格物致知可不就是追寻科学。科学是人类认识世界的重要方式，它来源于人们的生活，也改变了人们的生活，人类更是凭借无限的思考和创造，使科学日新月异，为社会文明的发展提供源源不断的动力。

从远古时代到如今的信息化时代，从神灵崇拜到科学大爆发，从西方到东方，人类文明不断发展，科学的成就灿若繁星。

撷取科学发展的重要里程，我们编写了《科学简史（少年简读版）》。翻开这本书，你会发现一个全新的科学世界，从天文学、数学，到物理学、化学，再到生物学、医学……一套书带你快速了解科学史上的重大发明与发现。我们用简洁而详实的文字叙述，用精美而多彩的画作描绘，帮助小读者们了解科学演变的历史，认识一位位闪闪发光的科学家，引发对科学的思考。

目录
CONTENTS

第一章 医学

第二章
化学

黄帝内經
黄帝内經
新修本草

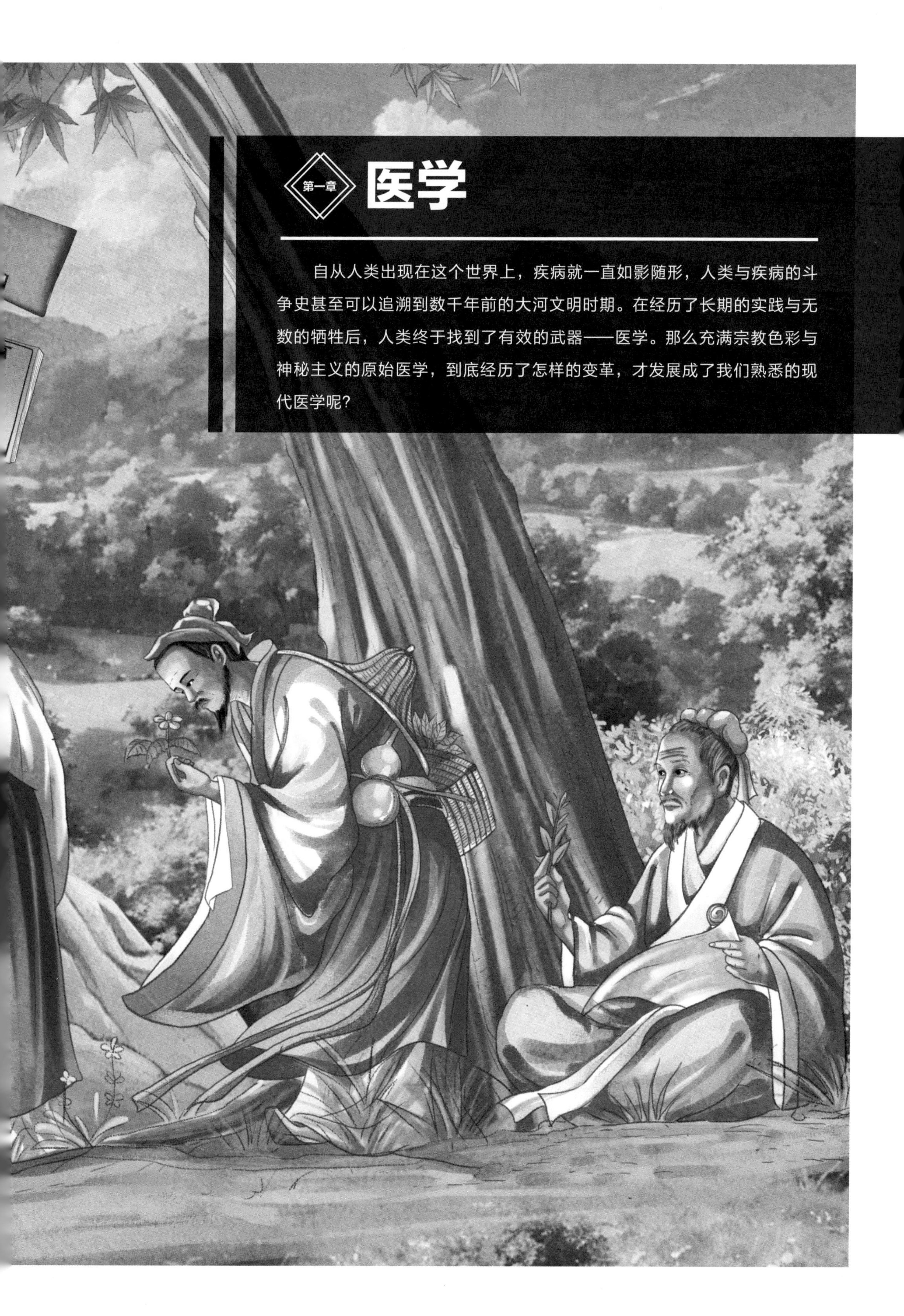

第一章 医学

自从人类出现在这个世界上，疾病就一直如影随形，人类与疾病的斗争史甚至可以追溯到数千年前的大河文明时期。在经历了长期的实践与无数的牺牲后，人类终于找到了有效的武器——医学。那么充满宗教色彩与神秘主义的原始医学，到底经历了怎样的变革，才发展成了我们熟悉的现代医学呢？

医学的萌芽

医学的历史和人类的历史一样古老。数千年来，人们一直在与各种各样的疾病做斗争。但随着认识程度提高，技术进步，人类对于疾病诊断、治疗的方式和方法也在不断革新。那么，人类医学最初是怎么发展起来的呢？

神农通过尝百草，找出适合人类食用的植物。

▼ 尝百草的神农

神话中的医者

在希腊神话中，有位医神名为阿斯克勒庇俄斯。相传，他医术非常高明，为患者医病时身边总会有一条蛇相随。而在中国传统神话故事中，也有一位医神，他就是为民尝百草的“神农氏”。相传，黄帝和岐伯二人写下了中国最早的医学典籍《黄帝内经》，因此后世也以“岐黄之术”代指中医。

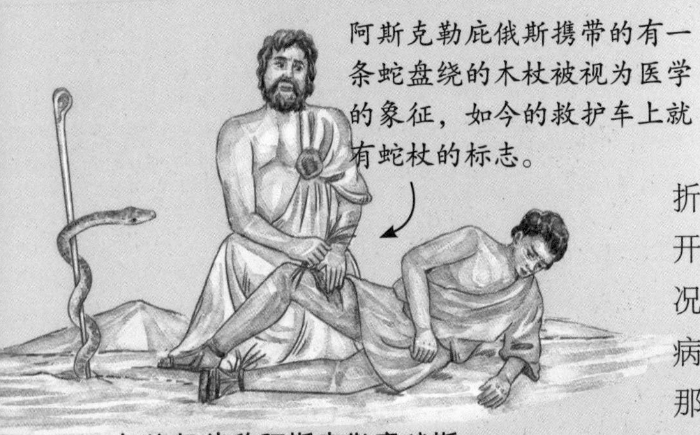

阿斯克勒庇俄斯携带的有一条蛇盘绕的木杖被视为医学的象征，如今的救护车上就有蛇杖的标志。

▲ 与蛇相伴的阿斯克勒庇俄斯

巫术与医学

更多的证据表明，在原始部落时期，人们把病痛的折磨视作“神灵的惩罚”或是“鬼怪作祟”，于是人们开始用一些神秘的仪式供奉神灵，驱赶鬼怪。在这种情况下，巫师出现了。据说，巫师不但知晓什么草药能治病、解毒，而且能与神灵鬼怪交流。从某种意义上来说，那些神通广大的巫师就是那个时代的医生。

▼ 史前时代巫医治病

▲ 人们想象中新石器时期的人类实施环锯术的场景

环锯术

而在有迹可循的现实世界里，人们在新石器时代的遗迹中曾发现过头顶上有一个孔洞的颅骨，颅骨上的孔洞四周有明显的工具刮削和重新生长的痕迹，人们不禁猜测：难道早在那个遥远的时代，人类就掌握了类似于今天脑外科手术的医学技术？

什么能治病

随着生活经验的增加，人们开始留意观察哪些东西有药用价值，可以用来治疗病症。经过不断实践，许多植物、动物、矿物变成了原始的药材。就这样，原始医学慢慢诞生了。直到今日，尤其是在中医里，一些植物、动物、矿物仍然是治病救人的良药。

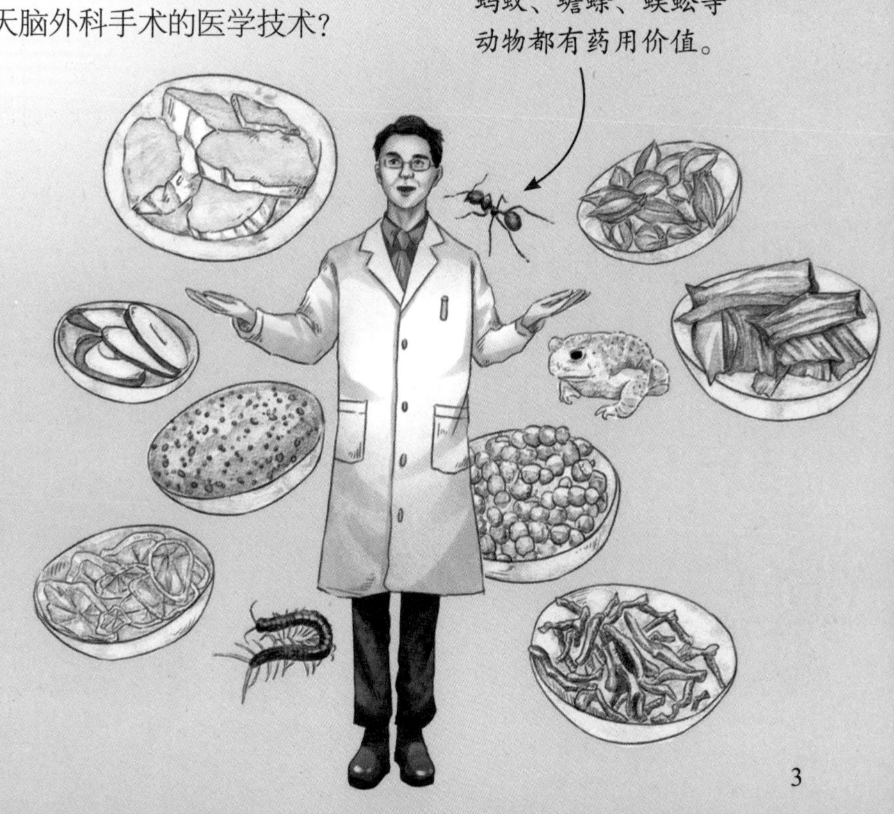

古代医学

作为古代文明的重要组成部分，古代医学在历史的长河中同样留下了闪亮的足迹。尽管此时的医学还和各个文明特有的神秘主义紧紧捆绑在一起，但已经不难发现其中蕴含着超越时代的科学思想。

▲ 古埃及病人正在服药

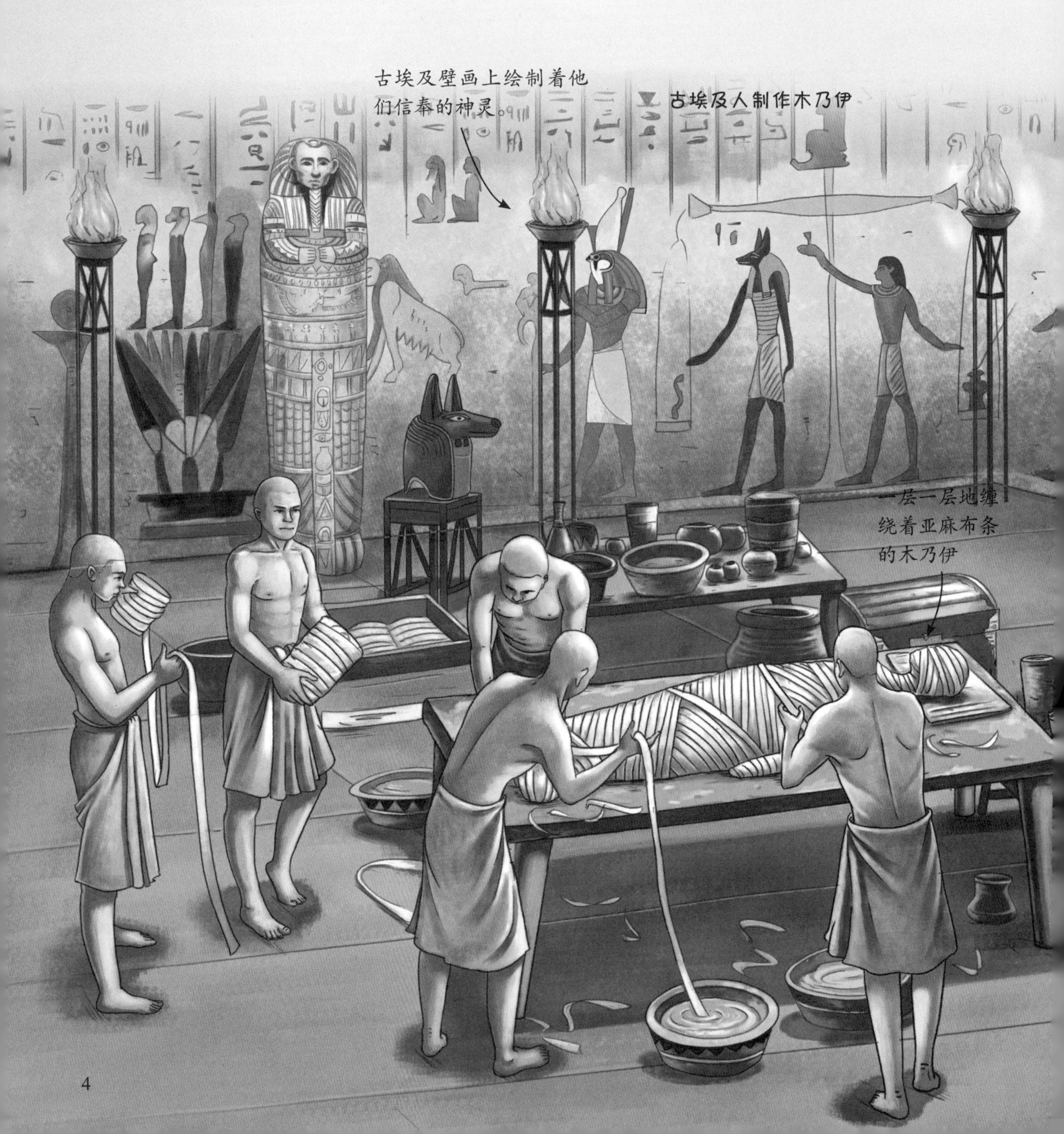
古埃及壁画上绘制着他们信奉的神灵。
一层一层地缠绕着亚麻布条的木乃伊

▼ 古埃及人制作木乃伊

古埃及

古埃及的医学成就早在古希腊时期就在西方世界广为流传，可不管是著名诗人荷马在史诗《奥德赛》中的描述，还是古希腊历史学家希罗多德根据自己的亲身经历，在著作《历史》中对古埃及医学的描写，都因为没有确切的史料佐证，在很长一段时间内只被当作轶事。

直到 19 世纪，包括有世界上最早的医学文献之称的卡洪纸草卷在内的一系列莎草纸卷的出土，才使古埃及发达的医学成就被世界所接受，出土文献证明了古埃及人能享受到诊断以及药学、牙科等精细的分类服务。同时，也许得益于自早王朝时期就开始的木乃伊制作，古埃及人积累了丰富的人体解剖知识，拥有远超时代的外科技术，医生们可以熟练地修复骨折、缝合伤口。

古埃及服饰以白色为主。
脏器被放置在罐子里。

古希腊

古希腊人不但继承了一部分古埃及的医学知识，还在此基础之上形成了一套独具特色的医学体系。在这个过程中，涌现出了许多医学领路人：阿尔克迈翁通过解剖动物，发现人的感知受大脑控制，而不是古埃及人认为的心脏；被西方尊称为“医学之父”的希波克拉底为了纠正“神赐疾病”的谬论，提出了著名的“四体液说”。

▶ 解剖动物的古希腊医者阿尔克迈翁

阿尔克迈翁通过观察和解剖实验研究医学。

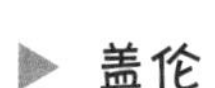

▶ 盖伦

古罗马

如果说希波克拉底代表医学向神秘主义发起了挑战，那么古罗马的盖伦无疑彻底将西方医学引领到科学的道路上。作为希波克拉底的后继者，盖伦总结前人经验，通过解剖动物来推论人体的解剖结构，在解剖学领域做出了不可磨灭的贡献。然而，盖伦的学说建立在对动物的解剖观察上，许多在其后 1000 多年的时间里被西方医学界奉为圭臬的观点并不正确。

中国古代医学

中国古代医学从久远的原始时期发展至今，已经有四千多年的历史了。它是世界古代医学里的一颗璀璨明珠，一直以其独有的魅力描绘着医药文明的画卷，从未停歇。

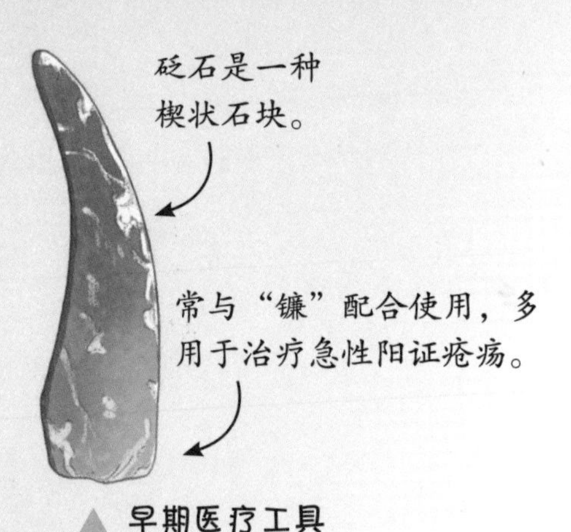
砭石是一种
楔状石块。
常与“镰”配合使用，多
用于治疗急性阳证疮疡。
▲ 早期医疗工具

早期医药记录

早在远古时期，我国先民就发现了某些动植物的药用价值。通过研究出土的甲骨文，我们发现在公元前 1600 年的殷商时期有大量象形、会意的表示人体结构的文字，比如人的眼睛，或在膝关节加指示符号等。这些文字说明，在那时我国医学对解剖与生理的认识已经达到了一定高度。

秦汉医学成就

秦汉时期，医学领域迎来了一次发展高潮。在这个过程中，医学家编纂出了不少医学文献。这些文献大多是以《黄帝内经》为基础的各种医药理论的总结。《黄帝内经》中包含病因学说、辨病辨证等多方面的理论，对当时以及后世医学家都有重要的借鉴、学习意义。东汉末年，医学大家张仲景呕心沥血编著了一部传统医学著作《伤寒杂病论》。在《伤寒杂病论》中，张仲景不仅论述了多种外感病症和内科疾病，而且提出了“辩证论治”的思想，为中国古代医学奠定了重要的理论基础。

小百科

秦汉时期涌现出了一批杰出的医学家，其中较为著名的有张仲景、华佗等。华佗医术精湛，尤其擅长针灸和外科手术。他发明了用于外科手术的麻沸散，还创造出可以强身健体的体操——五禽戏。

▼ 《伤寒论》

傷寒論

隋唐医学大发展

中国传统医学历经数代积累，一直在稳步前进。隋唐时期，医学进入第二波发展高峰期。相继出现论述病因、证候的集大成著作《诸病源候论》，医学百科全书《备急千金要方》，国家级药典专著《新修本草》，藏医总结性典籍《四部医典》……每一部著作都是具有划时代意义的医药圣典。

▲ 各个时代的著名医者

▼ 李时珍和《本草纲目》

明代医学的革新

中国传统医学多年积累的实践经验在明朝开花结果，各类医学成就层出不穷：人痘法的普及标志着我国预防接种科学在当时已经领先于世界；被称为“药圣”的李时珍完成了旷世药物学巨著《本草纲目》，这本著作记载了1892种药物，分别收录在60个类中，其展现的药物分类方法即使在今天仍有巨大的参考意义。

可怕的传染病

只要提起“传染病”三个字，很多人都会谈虎色变。那些可怕的传染病一旦肆意蔓延，杀伤力丝毫不亚于重型武器。历史上，人类曾遭遇过许多次传染病浩劫，直至今日我们每每想起仍然会觉得不寒而栗。

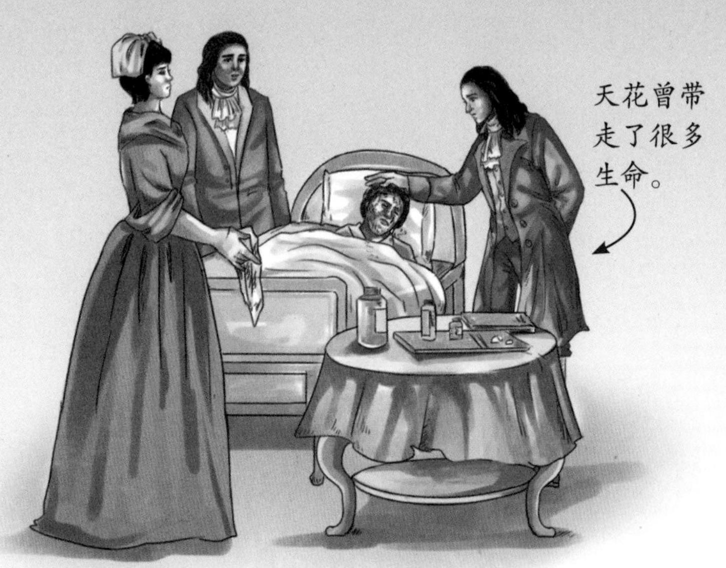
天花曾带
走了很多
生命。

天花

天花是最古老也是死亡率最高的传染病之一。据考古发现，古埃及国王拉美西斯五世有可能就是死于天花；罗马帝国著名的“安东尼瘟疫”也有可能是天花所为；整个南美大陆曾因传入天花而生灵涂炭；18 世纪，天花“席卷”欧洲，造成 6000 万人死亡……直到 20 世纪，人类才彻底消灭天花。

鼠疫

中世纪时，整个欧洲都笼罩在“黑死病”的阴云之下。“黑死病”就是现代医学所说的“鼠疫”，是由鼠疫杆菌引起的一种疾病，可以通过老鼠、跳蚤传染给人类。当时因为医药条件有限，欧洲甚至有约 2500 万人因鼠疫死亡。19 世纪中期，中国以及印度暴发了鼠疫，约 1200 万人失去了生命。

简单的防护
无法阻止鼠
疫的传染。
鼠疫是借助鼠
蚤传播的烈性
传染病。

麻风病

麻风病是由麻风分枝杆菌引起的一种慢性传染病，症状不一，通常表现为不可逆的神经损伤及皮肤溃烂，在医学技术并不发达的中世纪，患病者往往得不到有效的治疗，以至于发展到肌肉萎缩、四肢残疾的地步。13世纪，欧洲暴发了麻风病，由于没有有效的治疗与预防手段，人们只好修建了许多麻风病院将病人们隔离起来。据估计，在13世纪，整个欧洲有接近20000所麻风病院。

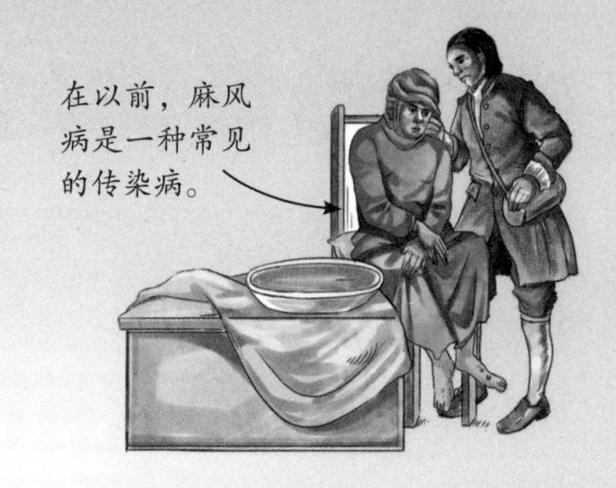

在以前，麻风病是一种常见的传染病。

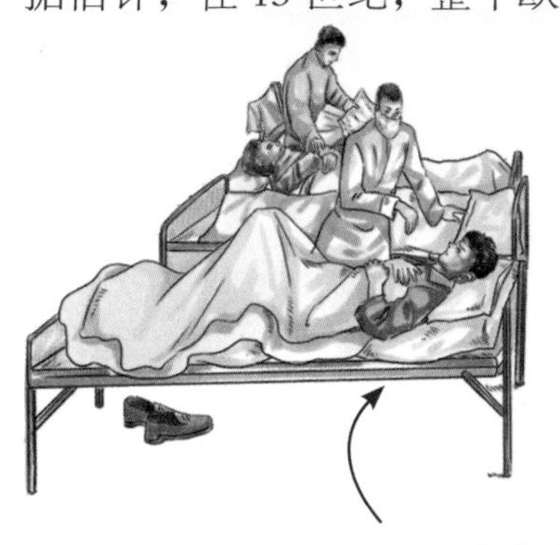

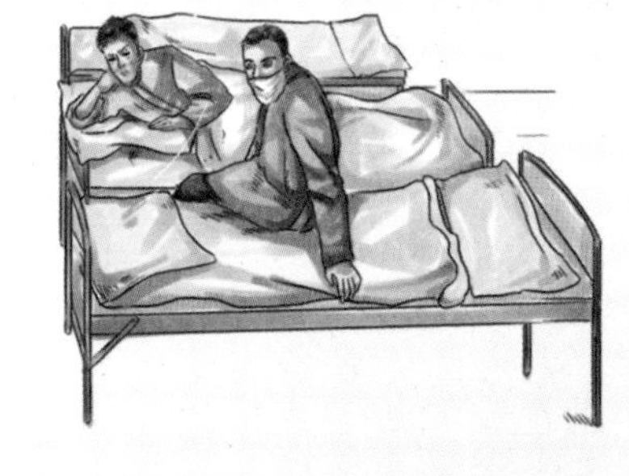

西班牙流感并不源自西班牙。

西班牙流感

1918年，西班牙流感暴发，这种兼具高致死率与传播性的传染病在一战期间很快席卷全球。据统计，全球有约5亿人感染，2500万～4000万人死去。值得一提的是，尽管被命名为西班牙流感，但是这种疾病并不是从西班牙开始暴发的，之所以这样命名，可能是因为当时西班牙首先报道了这种疾病。

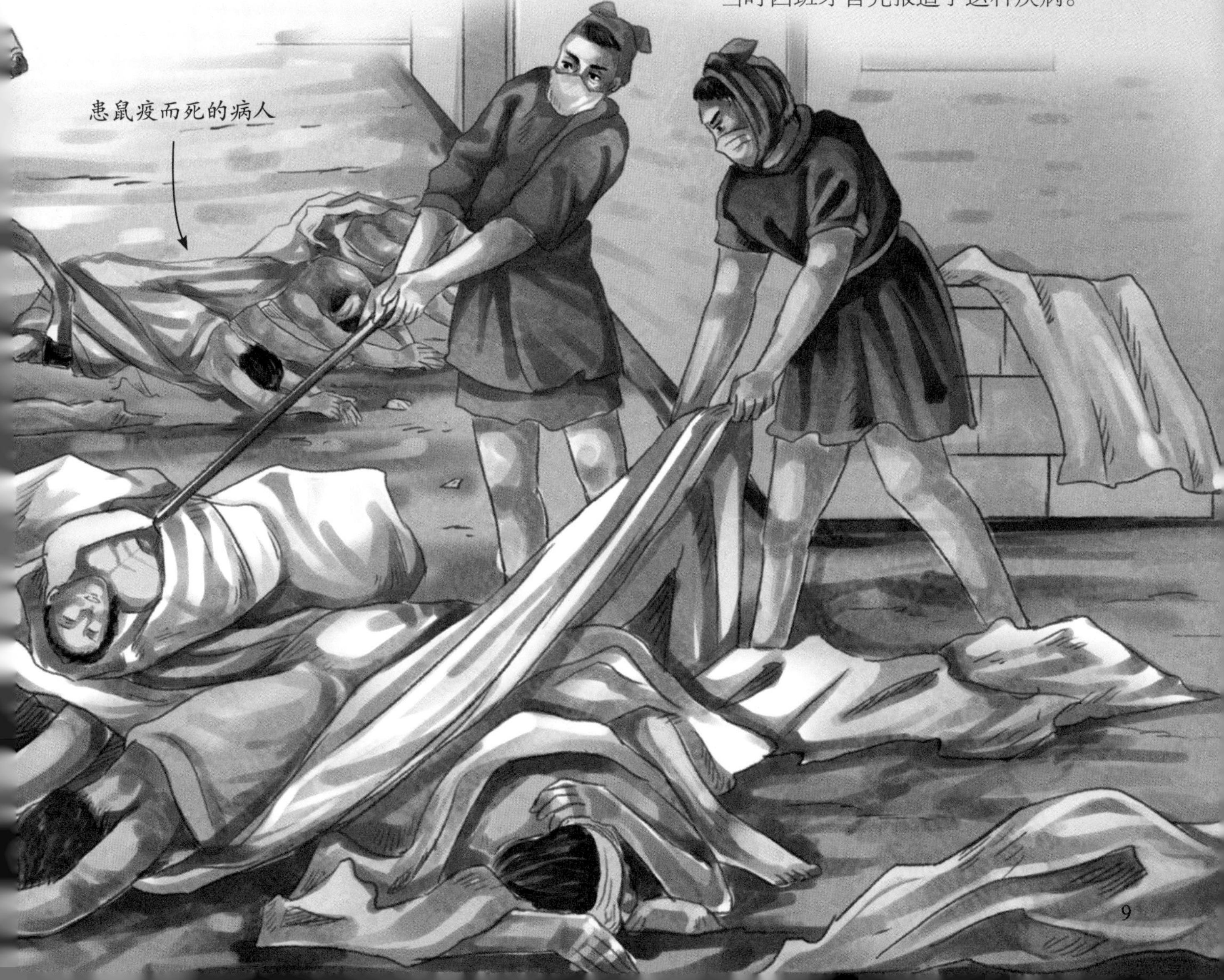

辉煌灿烂的阿拉伯医学

罗马帝国衰败以后，欧洲文明经历了一段低潮期。与之相反的是，中世纪一些阿拉伯国家开始崛起，无论经济、文化还是科学均取得了不少发展成就。尤其是医学领域出现了很多杰出的人才，结出了丰硕的医学成果。

阿布·贝克尔·拉齐

拉齐是阿拉伯世界大名鼎鼎的哲学家、医学家，医学上的巨大成就让他在阿拉伯世界广受赞誉，甚至与希波克拉底并列，被世人称作“穆斯林医学之父”。他最为人所知的成就是首次将动物肠子做成的线用于外科缝合，他还是第一位分辨出天花与麻疹的区别的医生。他的著作《医学集成》影响了欧洲医学数百年。

▲ 拉齐正在为病人诊治

▶ 伊本·贝塔尔

伊本·贝塔尔

中世纪，人们的大多数医药原料都来源于植物。伊本·贝塔尔就是当时草药界独一无二的专家。在埃及担任首席草药医生期间，贝塔尔从阿拉伯半岛等地搜集了大量的植物，并通过观察、研究掌握了这些植物的特性、药效。随后，贝塔尔将这些植物编写成册，最终完成了汇集 1400 多种植物的伟大著作《药食汇编》和《单方集成》。

阿拉伯服饰色彩丰富，以轻盈柔软的材料制成。
越华丽的罩袍代表社会地位越高。

阿维森纳

阿维森纳才华横溢，拥有哲学家、科学家、医生等多重身份。他的医学贡献相当卓越，其著作《医典》共五卷，多达百万字，包含许多宝贵的医学常识以及阿维森纳自身一些独到的医学见解，犹如一本医学百科全书。此外，在传染病调查、医学临床实验、心理学研究等方面，阿维森纳都有一套独特的理念，对后世产生了深远的影响。

小百科

阿维森纳早在安东尼·范·列文虎克之前就推测有微生物存在。这足足比列文虎克观测到微生物早了600多年。

▶ 阿维森纳

阿维森纳被称为“医学之王”。

医学革命的先驱——安德烈·维萨里

▶ 维萨里

在科学历史的长河中，曾出现过许多开拓者。我们熟知的哥白尼、伽利略都扮演过此类角色。或许你很少听说安德烈·维萨里的名字，可事实上，这位医学革命的先驱，同样是能与众多巨匠比肩的医学领域的开拓者。

▼ 解剖工具

探索未知新领域

维萨里出生在比利时布鲁塞尔的一个医学世家。他儿时便非常喜欢自然科学，常常解剖一些小动物。19 岁时，维萨里到巴黎学习医学和解剖学。可是当时巴黎大学的部分老师仍比较崇尚传统守旧的解剖理论，这让维萨里有些苦恼，无奈之下，他只能自己找些尸体解剖，进行研究。1537 年，在返回意大利后，维萨里成了帕多瓦大学的外科学和解剖学教授。在这里，他得到了很多人的支持，因此终于可以大胆地进行科学的解剖研究了。

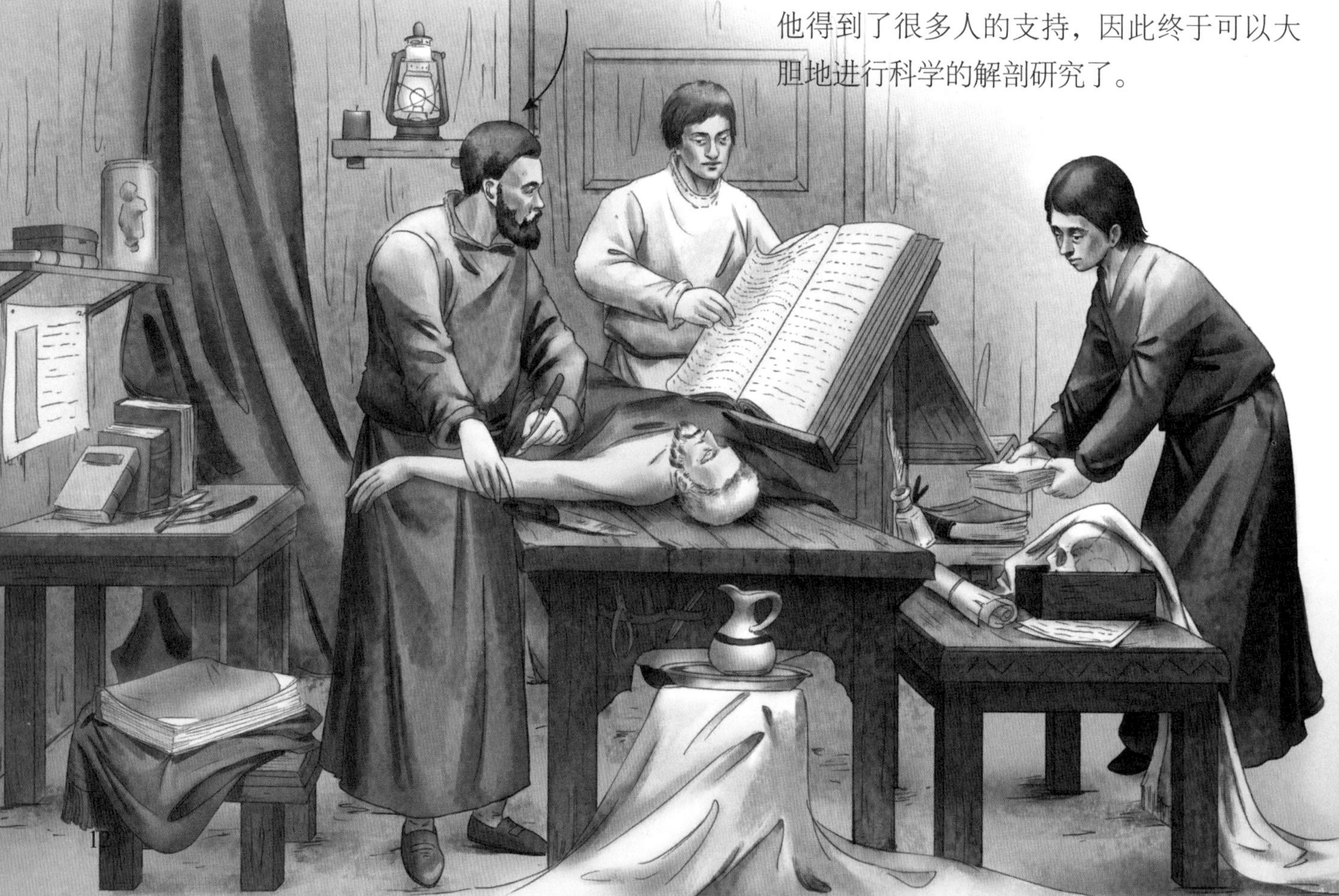

维萨里曾在无主墓地偷尸体解剖。

《人体之构造》

为了进一步阐释自己的观点，1538年，维萨里出版了一本《解剖学图谱》。五年之后，他又发表了一部划时代的巨著《人体之构造》。在《人体之构造》中，维萨里不仅科学地描述了人体心脏、静脉、肝、胆管、颌骨以及子宫等解剖构造，详细说明了胸骨、骶骨、杓状软骨以及手和膝关节的更多细节、结构，而且论述了活体解剖方面的知识。

维萨里详尽记录了自己的解剖工作。
人体构造图
《人体之构造》把医学建立在解剖学、生理学的基础上。

▲ 维萨里与他绘制的解剖学书籍

推翻盖伦的解剖论

很长一段时间内，盖伦的解剖学理论都被奉为不容置疑的经典。一些大学所教授的解剖学课程以及讲座，都是以盖伦的解剖学理论为基础进行的。可维萨里通过解剖实践，却指出盖伦的解剖学理论只适用于动物，并不适用于人体。维萨里的这番言论在当时很多人看来无异于以卵击石，是在挑战权威，根本站不住脚。

▼ 维萨里绘制的《人体之构造》手稿

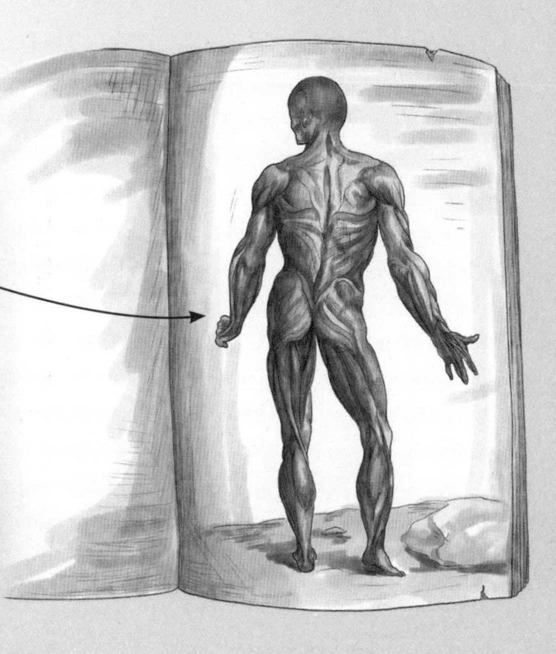

书中很多人体构造图都是由专门聘请的画家绘制的。

伟大的革命者

《人体之构造》一书驳正了盖伦的200多条错误理论，使人们正确认识了人体结构，所以它一经面世就在学术界引起了轰动。虽然维萨里得到了部分医学家和科学家的支持，可是很多盖伦主义者联合起来攻击他、谩骂他。维萨里甚至因此遭到种种迫害。维萨里的革新思想和先进理论极大地促进了解剖学的发展，为近代医学的形成奠定了坚实的基础。

生理学之父威廉·哈维

哈维发现了血液循环的规律。

▲ 威廉·哈维

1628 年，《心血运动论》正式出版。这本书的意义有多重大？它彻底推翻了盖伦有关“人体血液流动”的错误理论，使人类对血液的认知走向了新纪元。这部伟大著作的执笔人就是有“生理学之父”之称的威廉·哈维。

投身于血液研究

1578 年，哈维出生在英格兰福克斯通的一个富裕家庭。他天资聪颖，学习成绩一直很优异。19 岁时，哈维到意大利的帕多瓦医学院求学，在获得医学博士学位后返回了英国。1609 年，哈维成了圣巴塞洛缪医院的一名内科医生。因为工作的关系，他平时可以接触到很多病例，掌握了不少资料。渐渐地，哈维意识到，盖伦之前关于血液流动的学说并不准确，于是他决定要从事这方面的研究。

实践出真知

为了弄清血液究竟是如何流动的，哈维开始了日复一日的研究。他解剖了大量动物和人的尸体，并做了很多实验，终于发现了其中的真相。原来，血液始终是朝着一个方向流动的，它从静脉通过心脏流入动脉。心脏就是掌握血液流动的关键枢纽，能通过舒张和收缩使血液在人体内一直持续循环。

▼ 血液的流通方向是单向的

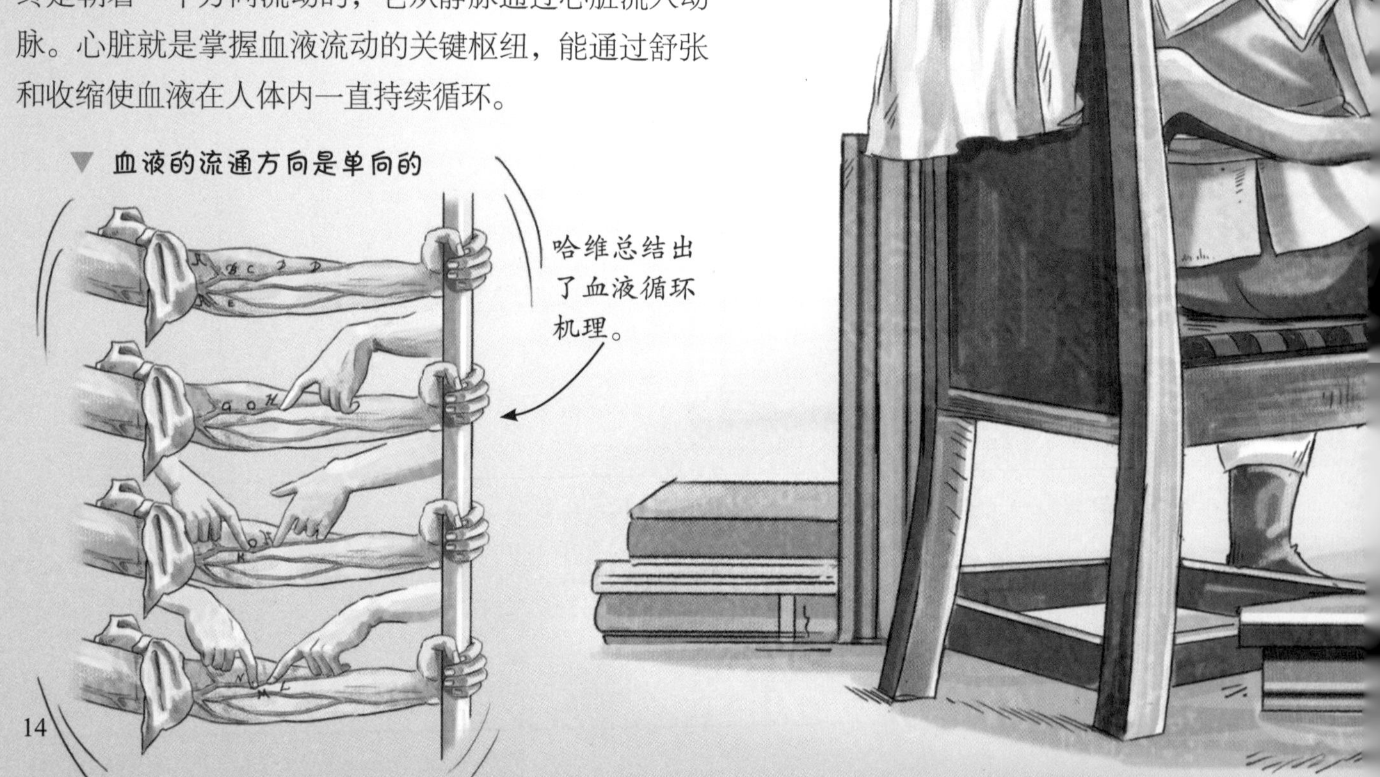

哈维总结出了血液循环机理。

开辟生理学研究新纪元

实践是检验真理的标准。不久，哈维的思想和理论还是得到了人们的普遍认可。他因此成了查理一世的御医。哈维尊重科学，一直崇尚用实验证据说话，开创了生理学实验研究的方向。而哈维的科学著作则被视为人类科学史上最重要的文献之一。

永不停歇的科学家

在哈维提出血液循环理论后，他的名气越来越大，谁知不久后英国资产阶级革命爆发，为英国王室服务的哈维受到牵连，被迫流亡，即使这样也没有让他停止研究。据说有一次在一个战场附近，哈维正在读书，突然一个炮弹落到了他的脚边，可哈维只是挪动了一下位置就继续投入学习中。凭着这种对科学的热情，在流亡结束后，哈维发表了《论动物的生殖》，这标志着现代胚胎学的开始。

▼ 哈维论述血液循环的观点

哈维的发现建立在大量的解剖和实验基础上。
哈维的贡献标志着生命科学的开始。

詹纳被称为“免疫学之父”。

▲ 爱德华·詹纳

用疫苗打败天花

中世纪以来，欧洲传染病盛行，因天花等失去生命的人数不胜数。人们整日活在传染病制造的恐惧氛围下，饱受煎熬。所以当时各界都迫切希望找到传染病的病因，遏制其继续蔓延。于是，科学领域中针对细菌等生物体的研究陆续展开……

寻找有效疗法

爱德华·詹纳是一名英国外科医生，他生活的年代天花肆虐。当时，天花的致死率很高，抵抗力差的婴幼儿一旦感染上这种疾病，往往凶多吉少，詹纳对此很是忧心。后来，詹纳在生活中注意到了牛痘病毒和猪痘病毒，敏锐的直觉告诉他，这些病毒很可能与天花存在某种联系。因为他曾听说，有位挤奶女工感染过牛痘，之后似乎就对天花免疫了。詹纳认为，研究牛痘病毒和猪痘病毒或许能找到攻克天花的办法。

接种牛痘

1796 年，跃跃欲试的詹纳终于把他的想法付诸实践。恰好有一位挤奶女工感染了牛痘，詹纳便用一根细棒从她的伤口中蘸取了一些脓汁，然后把这些痘浆注入一个叫詹姆斯·菲普斯的男孩体内。结果，男孩只是出现了一些轻微症状，并未感染天花。为了验证疫苗是不是真的好用，詹纳后来还特地给菲普斯接种了天花病毒，然而结果还是一样，男孩仍然没有感染天花。

人们对牛痘抱有怀疑态度。
1840年，英国立法为所有国民免费提供牛痘接种。

◀ 詹纳给小男孩种牛痘

詹姆斯·菲普斯是第一个通过牛痘接种防止了天花感染的男孩。

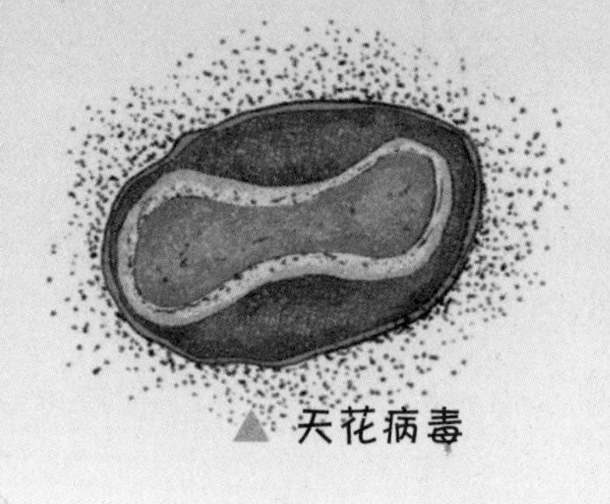

▲ 天花病毒

最早发明牛痘疫苗的人

其实早在 1774 年，有一个人就已经成功接种过牛痘疫苗，他就是农夫本杰明 · 杰斯提。不过，詹纳不仅进行了接种实验，而且通过这一发现帮助更多的人摆脱天花，所以“研发出开创性疫苗”的光环就落在了他的头上。得益于詹纳的突出贡献，到 20 世纪 80 年代左右，人们已经彻底消灭了天花。

用事实说话

始料未及的是，詹纳的实验成果最初并没有得到人们的认可。当时的科学权威机构英国皇家学会也认为这一成果缺乏科学依据，并没有给予肯定。但詹纳始终坚信，牛痘疫苗能帮助人们摆脱可怕的天花。

詹纳一直坚持为人们接种牛痘疫苗。最终，在大量成功的案例面前，那些针对詹纳的批评之声终于消失了。

天花病毒的致死率曾高达30%。

▼ 人们排队接种牛痘疫苗

疾病源于细胞

菲尔绍告诫学生要学会“以显微镜式的思维微观地思考”。

疾病是怎么产生的？很多人或许都考虑过这个有点深奥的问题。然而，病理学家、公共卫生学家鲁道夫·菲尔绍，早在很久之前就帮助我们找到了问题的答案。

显微镜式思维

菲尔绍早年间在德国柏林大学求学，毕业之后到柏林的查利特医院工作过一段时间。1849 年，他去往维尔茨堡从事解剖学研究，直到 1856 年才重回柏林，此时菲尔绍的身份已经是柏林大学以及查利特医院的病理解剖学教授了。担任病理解剖学教授期间，菲尔绍一直鼓励学生使用显微镜进行科学研究。

细胞病理学的建立

菲尔绍一生致力于科学研究，他最广为人知的贡献就是建立了细胞病理学。菲尔绍认为，疾病源于细胞，或者说是细胞病变引起的。这一理论为人类正确认识疾病的产生机制奠定了基础，对整个医学的发展起到了很大的促进作用。菲尔绍因此被赞誉为“细胞病理学之父”。

菲尔绍也是一位政治领袖。

多项医学发现

菲尔绍基于细胞病理学的思想，采用“细胞法”进行肿瘤疾病的研究。结果，他取得了一系列的开创性成果：首次发现并命名了白血病；推论了胃癌等很多类型的恶性肿瘤的发生机制；深入研究了肺动脉血栓栓塞，提出“栓塞”的概念……尽管菲尔绍的很多观点并不完善，但不可否认，他确实对现代医学，尤其是现代病理学的发展做出了卓越贡献。

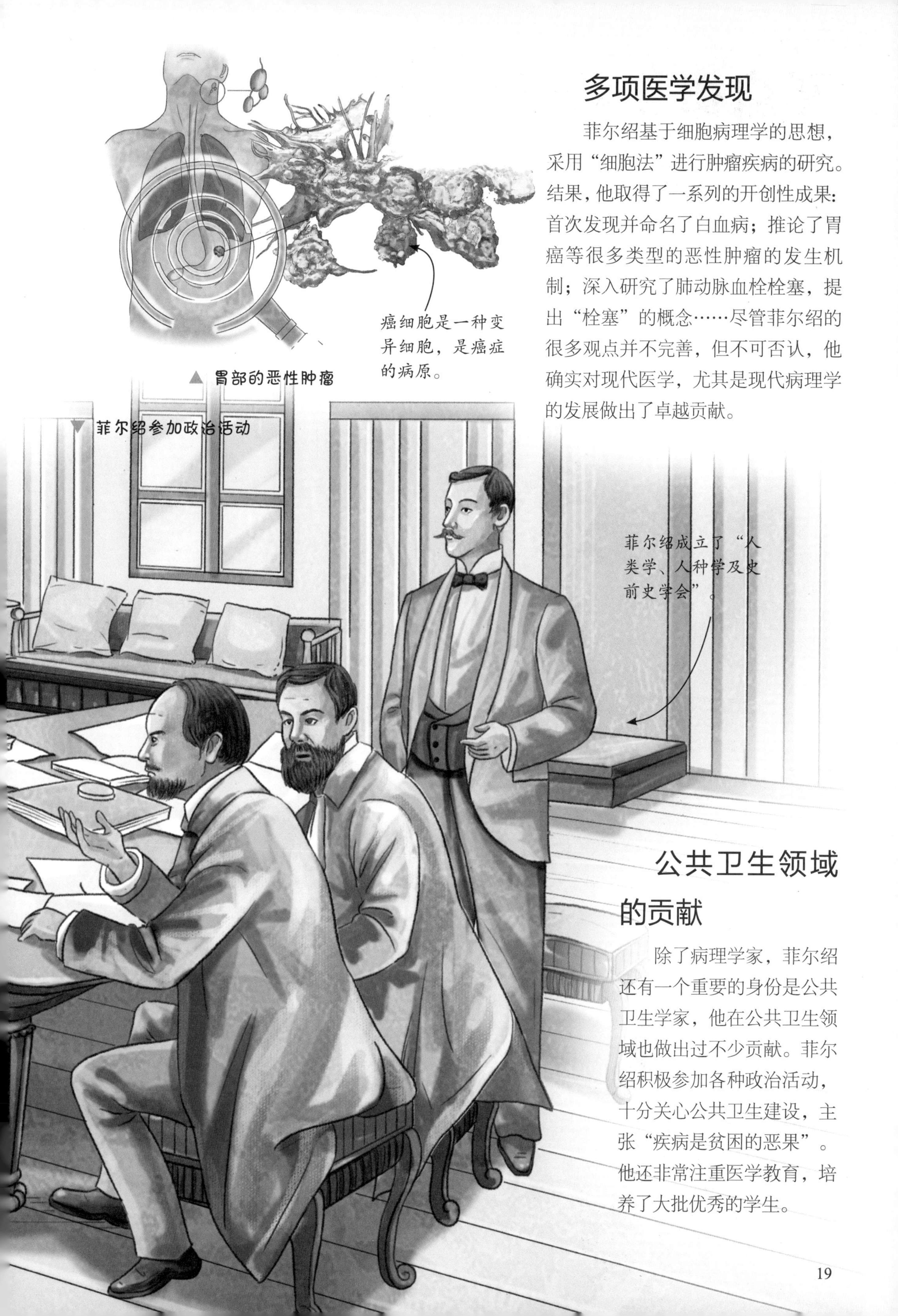

癌细胞是一种变异细胞，是癌症的病原。
菲尔绍成立了“人类学、人种学及史前史学会”。

▲ 胃部的恶性肿瘤

▼ 菲尔绍参加政治活动

公共卫生领域的贡献

除了病理学家，菲尔绍还有一个重要的身份是公共卫生学家，他在公共卫生领域也做出过不少贡献。菲尔绍积极参加各种政治活动，十分关心公共卫生建设，主张“疾病是贫困的恶果”。他还非常注重医学教育，培养了大批优秀的学生。

开启微生物学的大门

为了战胜人类健康最大的公敌——传染病，一些科学家前仆后继地投身到疾病研究的行列中来。他们积极探索，一直试图弄清病因，从根源上解决传染病问题。而在这方面贡献尤为突出的就是罗伯特 · 科赫和路易斯 · 巴斯德。

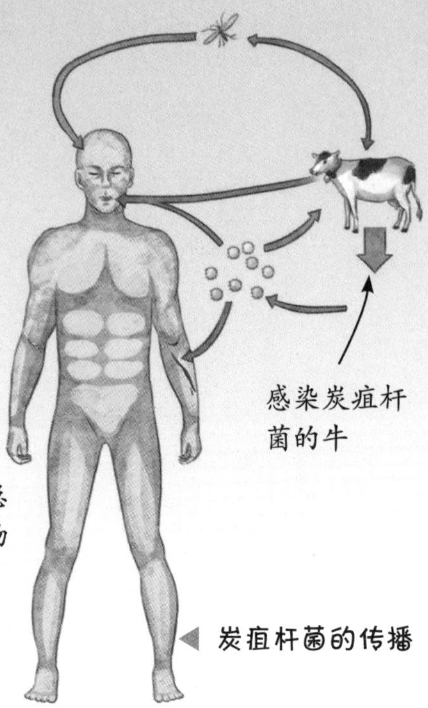

感染炭疽杆菌的牛

人通过接触患病动物或动物制品被感染。

◀ 炭疽杆菌的传播

炭疽病大流行

19 世纪，欧洲有一段时间炭疽病盛行。那些饲养牛、羊的人，极易传染上这种疾病，危害极大。尽管法国医生卡西米尔 · 达韦纳之前就发现了炭疽病的病因是炭疽杆菌，可是研究者们钻研许久，也未有什么大的突破，对此仍旧束手无策。直到后来，罗伯特 · 科赫改变了这一现状。

找到病因

1876 年，科赫通过实验，成功分离并培育出了炭疽杆菌。他仔仔细细地观察这种细菌，发现它们在缺氧等不利条件下，会形成抵抗性内芽孢。抵抗性内芽孢在某种情况下可以潜伏起来，一旦条件成熟，便可能再次发挥威力，催生出新的细菌。所以，说不定什么时候，这些坏家伙又会引发一场灾难。

1905年，罗伯特 · 科赫获得诺贝尔生理学或医学奖。

实验室工作服

炭疽杆菌

德国医学奖——罗伯特·科赫奖就是以他的名字命名。

巴斯德向绵羊体内注射疫苗
巴斯德开创了微生物生理学。
巴斯德在绵羊身上测试炭疽疫苗。

小百科

某种特定环境下，微生物会入侵人体，引发各种疾病、感染。巴斯德在法国医学学会阐述了这样的观点：外科医生为患者治疗时，应该使用洁净的器具，注意清洁，如手术之前要在火焰上烘烤双手等，从而最大程度地避免微生物带来的隐患。后来提出外科消毒法的约瑟夫·李斯特便是受了巴斯特的影响。巴斯德还发明了一种能杀灭牛奶里的病菌，但又不影响牛奶口感的消毒方法，这就是巴氏消毒法。

炭疽病疫苗

法国著名化学家路易斯·巴斯德一直对炭疽病很有研究。他先是建议人们饲养动物时应远离那些暴发过传染病的地方，随后又在 1877 年开始进行疫苗实验。他把进行过高温杀菌程序、含有炭疽热细菌的疫苗，注射进绵羊体内，然后观察绵羊的反应。结果，绵羊只是出现了一些轻微的症状，很快就好了起来。巴斯德意识到，他研制的疫苗成功了。几年后，巴斯德又进行了一次更大规模的实验，事实证明，接种过疫苗的绵羊再也不怕炭疽病的侵害了。

攻克狂犬病

打败炭疽病后，巴斯德开始着手狂犬病的研究。他经过反复实验，终于研发出了狂犬病疫苗。1885 年，巴斯德为 9 岁男孩约瑟夫·迈斯特注射了这种疫苗，成功把他从死神那里拉了回来。消息很快传开了，从此以后，总是有不同的患者来找巴斯德注射狂犬病疫苗。

巴斯德研究狂犬病疫苗
没有疫苗之前，狂犬病的死亡率接近100%。

李斯特的杀菌术

在没有消毒剂的年代，手术成功、病人死亡是司空见惯的事情。即使患者曾于最好的医院就医，也可能在术后因伤口感染丢掉性命。怎么才能改变这种情况呢？对当时的医学研究者来说，这是一个十分棘手的问题。最终，约瑟夫·李斯特将人们从感染化脓的噩梦中解救出来。

可怕的手术室

如果回到19世纪的手术室，或许你会被那糟糕的环境给吓到。手术设施简陋就算了，医生、护士还特别少，最可怕的是，他们不注意手术卫生，手术时所使用的器具、工作服基本不怎么清洗。而且，医护人员在给病患开刀、缝合伤口时，也基本不会进行专业清洁。可想而知，患者术后感染的几率会特别大。

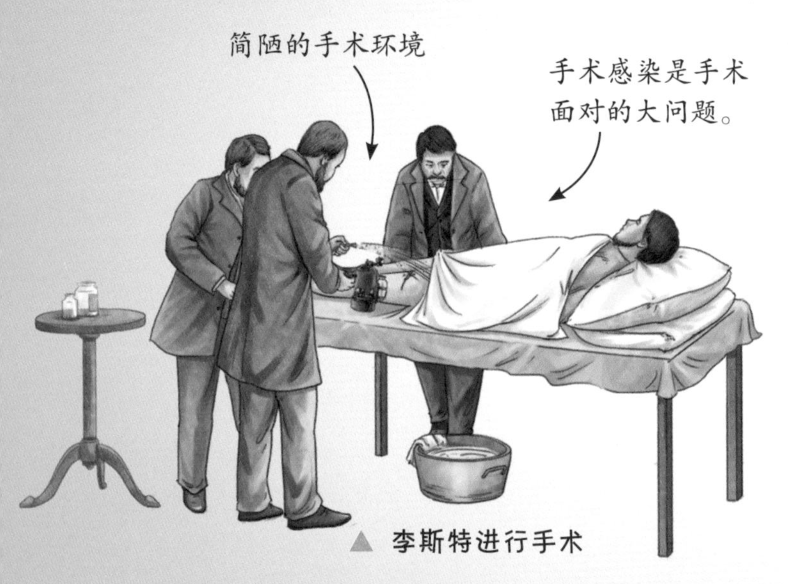
简陋的手术环境
手术感染是手术面对的大问题。
▲ 李斯特进行手术

李斯特的改变

频发的伤口感染问题让身为外科教授的约瑟夫·李斯特忧心不已。他一直希望能找到什么方法，改善这种情况。后来，在手术实践的过程中，李斯特总结出了一些减少感染风险的经验，如注意清洁手术工具、器械，保持衣物洁净，使用止血带降低病患出血量等。没想到，这些看似简单的操作，却大大提升了李斯特的手术成功率。

▼ 石炭酸蒸汽雾化器

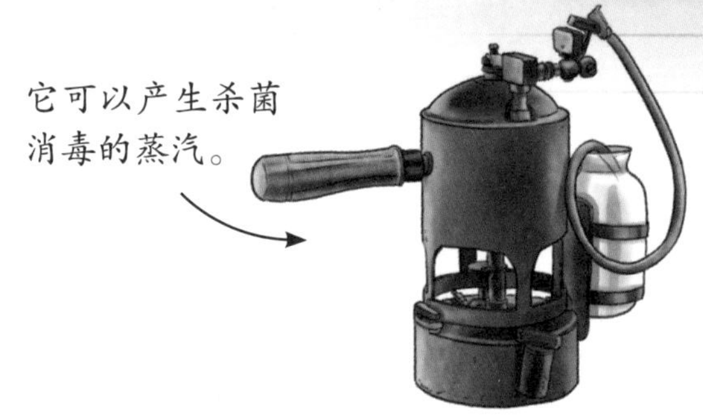
它可以产生杀菌消毒的蒸汽。

石炭酸走进手术室

1865年，李斯特从化学教授托马斯·安德森的口中，得知了路易斯·巴斯德的细菌理论。这给了李斯特很大启发，原来患者伤口之所以会感染、化脓是细菌搞的鬼。可是怎样才能把伤口上的细菌消灭呢？李斯特想来想去决定制造一种杀菌剂。经过多次实验，他找到了合适的制剂原料——石炭酸。从那以后，李斯特便开始在手术中用石炭酸清洗双手，给手术器械消毒。

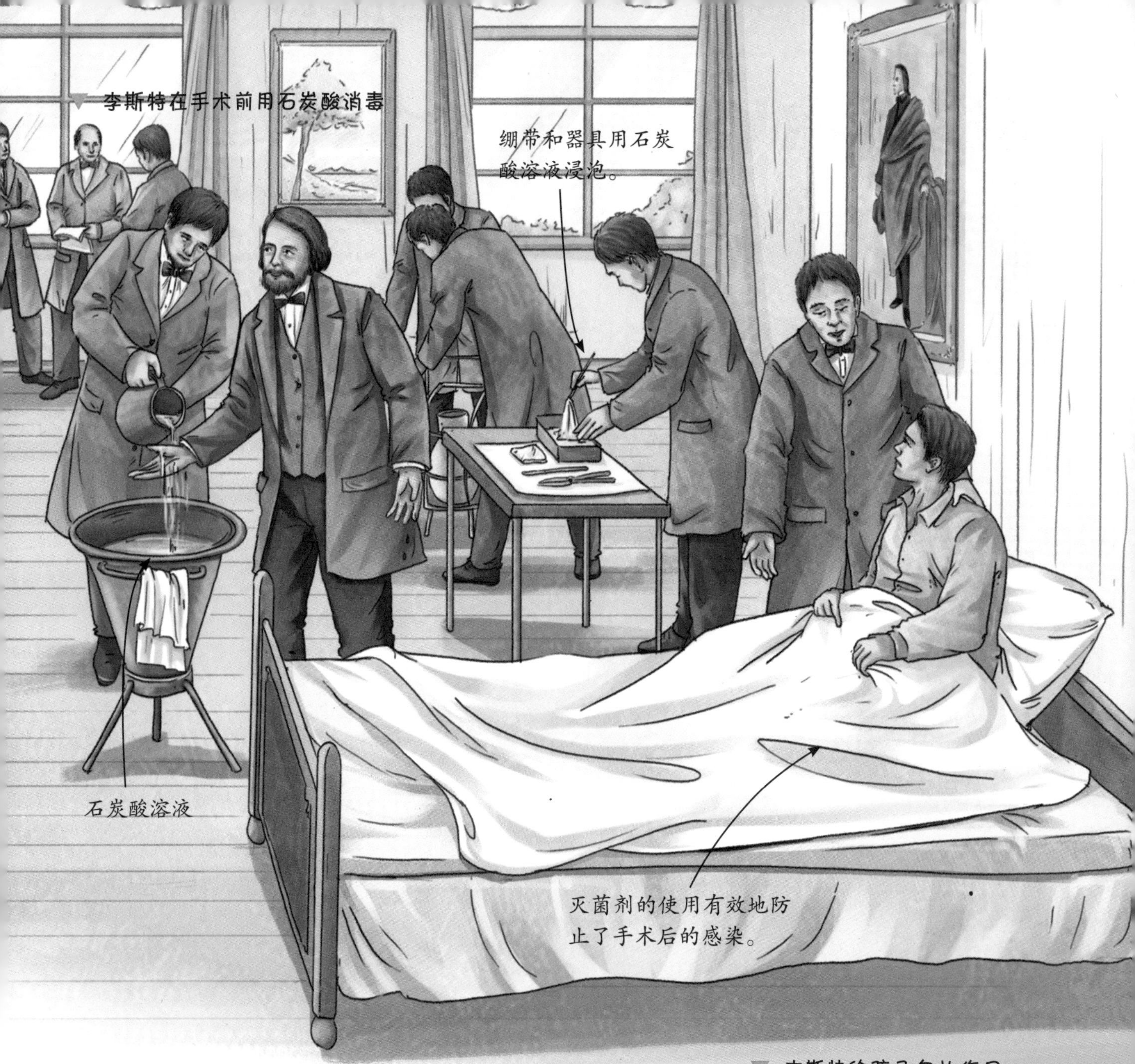

绷带和器具用石炭酸溶液浸泡。
石炭酸溶液
灭菌剂的使用有效地防止了手术后的感染。

李斯特在手术前用石炭酸消毒

载入史册的消毒剂

同年 8 月，有个男孩被马车撞伤，造成小腿骨复合性骨折。通常情况下，这类疾病术后很容易感染，从而引发败血症并最终死亡。李斯特接诊后，先用在石炭酸溶液中浸泡过的纱布给男孩进行了细致包扎，然后用夹板把他的腿固定住。在此期间，每隔几天，李斯特就会对男孩的伤口进行重复清洗、包扎，一直到他的伤口完全愈合。没想到，一个多月后，男孩非但没有感染，腿也和原来一样能正常行走。

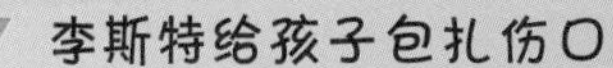
李斯特给孩子包扎伤口

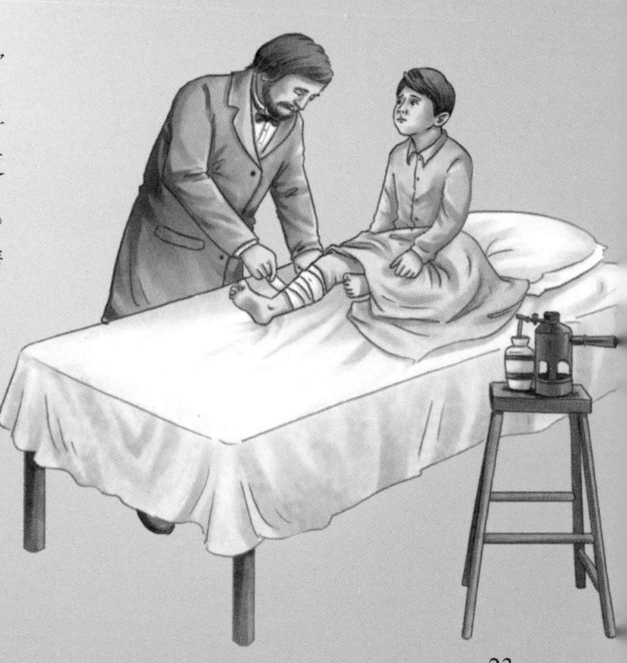

小百科

帮助男孩重新站起来的经历，给了李斯特很大鼓舞。他开始四处演讲，希望人们认识到消毒的重要性。后来，李斯特将自己的伟大成果总结成文，发表在 1867 年的《柳叶刀》上。

不同的血型

人类研究血液的历史由来已久。早在古希腊时期，就有人做过相关推测，可惜，答案并不科学。18 到 19 世纪，科技水平逐步提高，人类的思想得到空前解放。这使得人们对血液的认知逐渐走向科学化，慢慢地有关血型的神秘面纱也成功被一些科学家揭开了。

放血疗法在很长一段时间内都被当成重要的治疗手段。

▲ 医生正在给病人放血

荒唐的放血疗法

古希腊时，一些医生认为，人体之中存在血液、黏液、黑胆汁、黄胆汁四种体液。一旦这些体液失衡，人就会患上各种疾病。为了恢复健康，那时人们想了一个荒唐的办法，就是把多余的体液排出体外。我们现在提到的放血疗法就是这么来的。结果可想而知，很多人因此丢掉了性命，其中就包括伟大诗人拜伦。

▼ 进行输血治疗

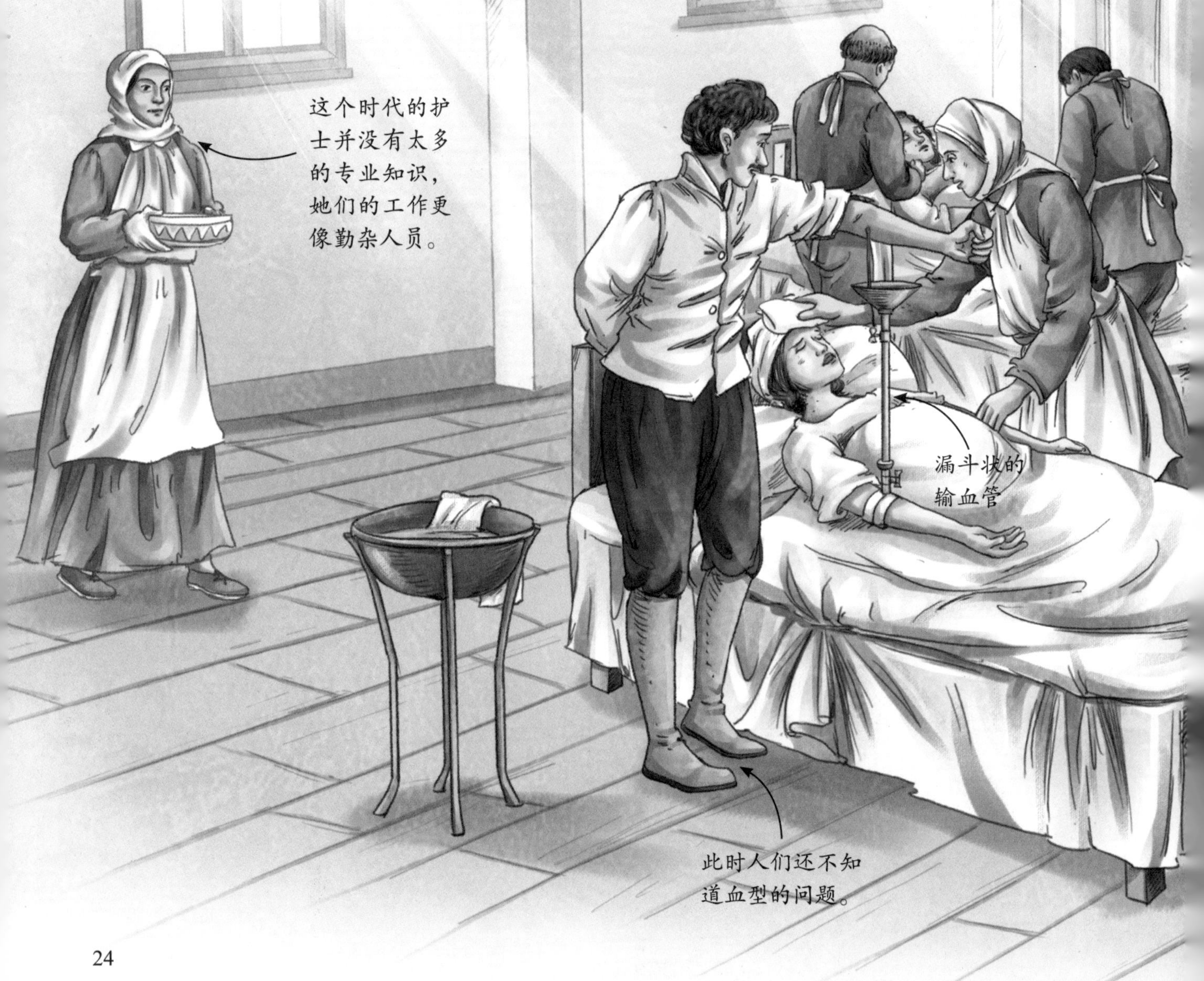

这个时代的护士并没有太多的专业知识，她们的工作更像勤杂人员。
漏斗状的输血管
此时人们还不知道血型的问题。

输血治病

19 世纪 20 年代，英国妇产科医生詹姆斯·布伦德尔眼睁睁看着很多产妇因失血过多死亡，内心不由得产生了一种想法：或许可以通过输血的方法挽救产妇的生命。1818 年，布伦德尔真的付诸实践了。

一次，有个产妇失血过多，情况危急。布伦德尔见状，赶紧叫来产妇的丈夫，让他站在病床边，用刀划开他的手臂。接着再用漏斗接住血液，让血液顺着连接漏斗的导管流进产妇体内。此后，布伦德尔曾数次使用过这个装备，然而挽救患者成功率也只有一半而已。布伦德尔开始意识到，或许这样的输血方式存在一定的风险。可是为什么会存现风险呢？他百思不得其解。

在布伦德尔之前，人们会用动物的血液进行输血治疗。

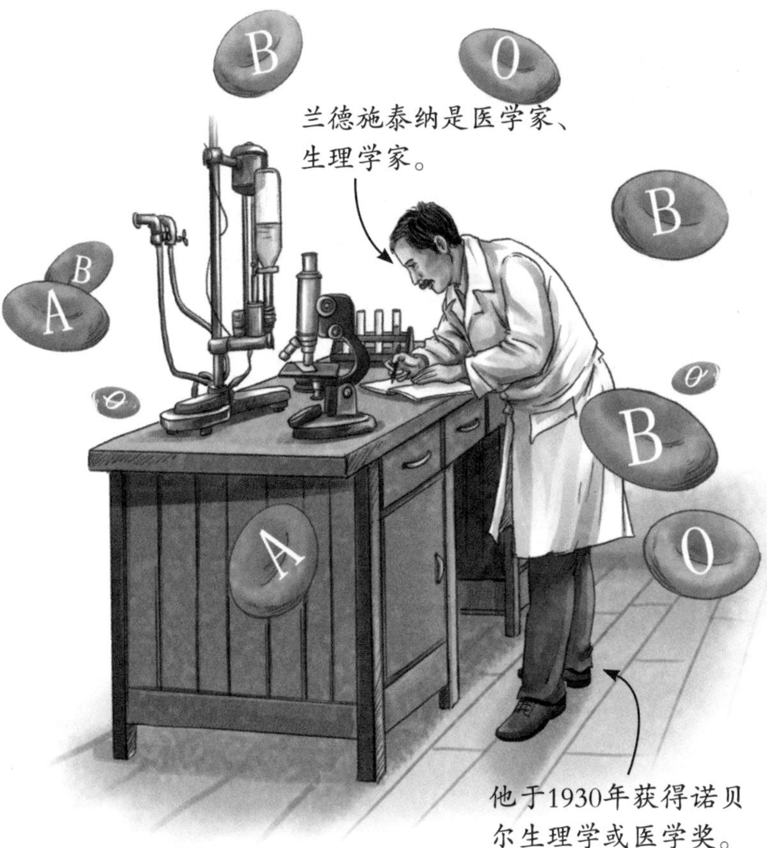

B
O
兰德施泰纳是医学家、生理学家。
B
A
B
O
B
A
O
O
他于1930年获得诺贝尔生理学或医学奖。

▲ 卡尔·兰德施泰纳

找到血液的奥秘

八十多年后，卡尔·兰德施泰纳帮人们找到了答案。一直对输血治疗有着浓厚兴趣的兰德施泰纳，通过研究几位同事的血样发现，有些血样中的红细胞会聚集抱团。他据此推测，人体中红细胞里应该存在抗原，血清里存在抗体。之后，兰德施泰纳又将这些人的血样过滤，分离出红细胞和血清，然后进行了混合实验，最终将人体血液分为 A、B、O 三种类型。

如果不同血型的血液混合在一起，可能发生凝血、溶血现象。兰德施泰纳的实验成果充分解释了为什么输血治疗存在风险。1902 年，兰德施泰纳的学生继续进行血样实验，并增加了血样采集的人数，从而发现了第四种血型——AB 型。至此，现代血型系统正式确立。人类的输血历史被改写，医学发展又前进了一大步。

最伟大的医学发明之一——抗生素

相较于其他科技发明，医学发明最特别的意义在于可以挽救人类的生命。抗生素尚未出现之前，伤口感染可以说是整个医学界最为头疼的问题，因为它就像定时炸弹，随时可能置人于死地。为了彻底解决这个隐患，亚历山大·弗莱明继约瑟夫·李斯特发明消毒剂之后，又研究出了抗生素。自此，人类在应对细菌感染方面又多了一种利器。

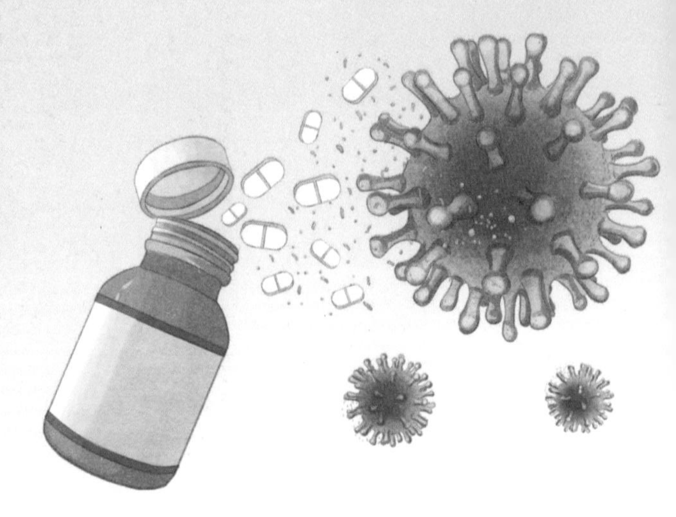

▲ 抗生素的主要作用是抗细菌感染

与细菌为伴的人

弗莱明出生在英国埃尔郡的洛克菲尔德，是一位农场主的儿子。他幼年丧父，家境贫寒，后来为了生计做了一家航运公司的职员。1901 年左右，弗莱明继承了一大笔遗产，接下来才开始从事自己喜欢的事情——学习医学。毕业之后，弗莱明成了细菌学家，整日研究各种细菌，希望找到抵御细菌、防止伤口感染的新方法。

▼ 弗莱明和团队进行细菌研究

1928年，弗莱明发现了世界上第一种抗生素——青霉素。
细菌培养皿

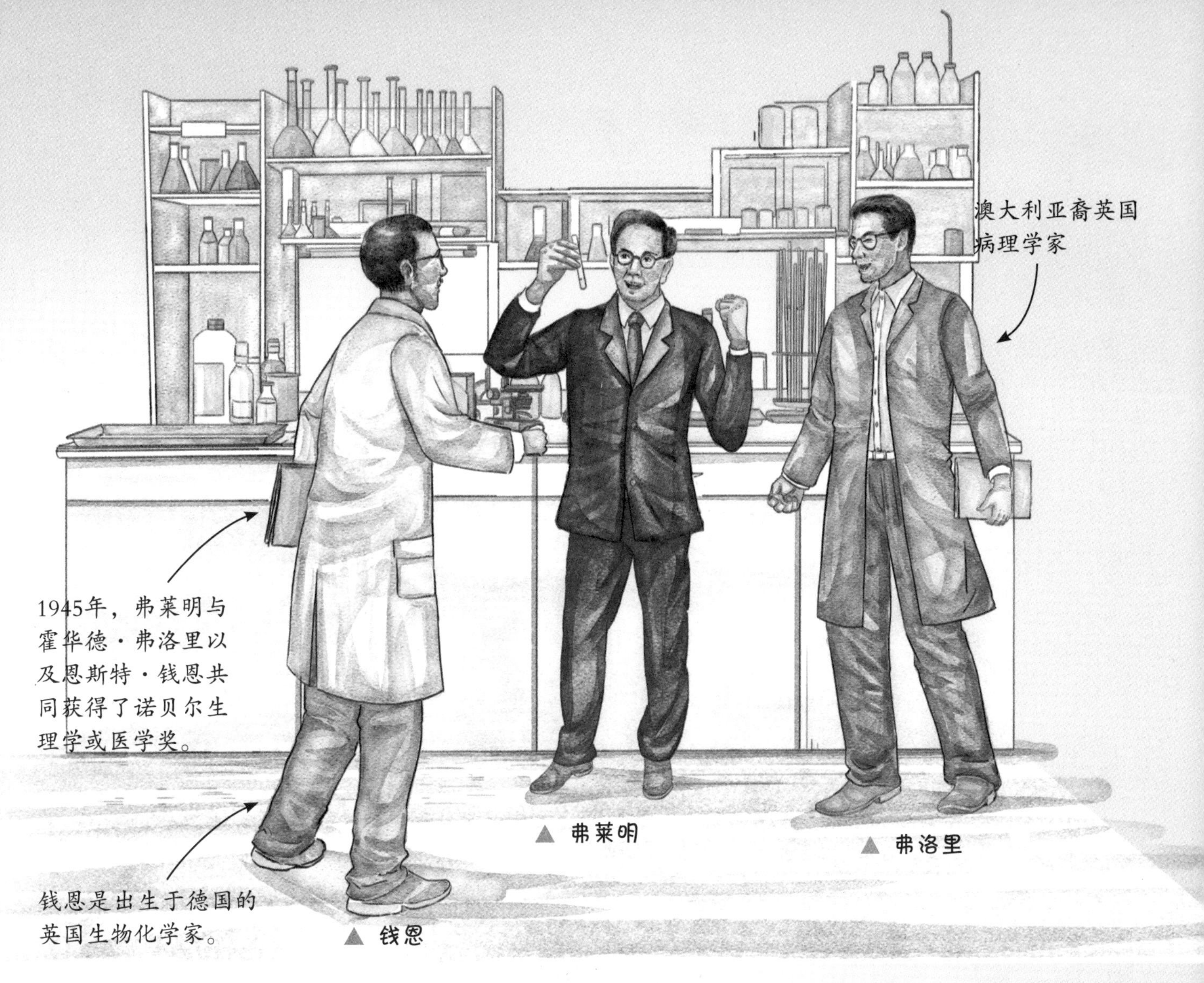

澳大利亚裔英国病理学家
1945年，弗莱明与霍华德·弗洛里以及恩斯特·钱恩共同获得了诺贝尔生理学或医学奖。
钱恩是出生于德国的英国生物化学家。
▲ 钱恩
▲ 弗莱明
▲ 弗洛里

杀死细菌的神秘物质

一次，弗莱明在实验室培育出活菌之后，竟然忘了给器皿盖盖子就去度假了。结果等他归来时，发现器皿里长出了不少霉菌。十分特别的是，有一块霉菌周围的细菌都死了，这引起了弗莱明的注意。他一边观察眼前的霉菌，一边思考起来：究竟是怎么回事？难道是这些霉菌杀了它们？

带着心中的疑问，弗莱明继续进行实验、研究。很快，他就证实，那些特别的霉菌是青霉菌。紧接着，弗莱明又提取了一些青霉菌，把它和一些细菌放在一起。神奇的是，青霉菌分泌的青霉素不但能抑制部分有害细菌生长，而且还能杀死一些有害细菌。这让弗莱明非常兴奋，因为直觉告诉他自己找到了预防伤口感染的良药。可惜，因当时弗莱明掌握的技术还无法提纯青霉素，所以青霉素并没有及时应用到医学治疗领域。

第一种抗生素

直到1939年，随着真空冷冻干燥法的发明，霍华德·弗洛里以及恩斯特·钱恩重复了弗莱明的工作，成功分离出了青霉素。很快，青霉素作为历史上第一种抗生素开始被投入使用。20世纪40年代，青霉素成了遍及世界的特效药，时至今日，被它挽救的生命难以计数。

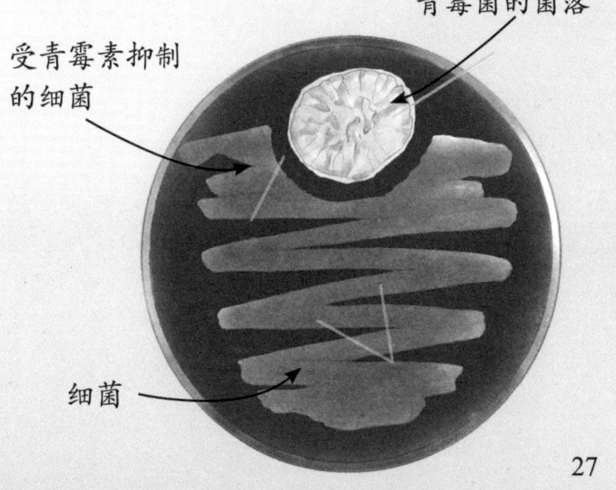

“分子病”现身

镰状细胞贫血

红细胞

众所周知，莱纳斯 · 鲍林是一位涉足众多领域的科学达人。20 世纪 30 年代，随着生物学的蓬勃发展，鲍林陆续接触到一些从事生物学研究的大师，他们深深影响了鲍林。后来，鲍林对大生物分子研究着了迷，这促使他发现了分子病。

镰状细胞贫血

起初，鲍林和他的团队在进行大生物分子研究时，所做的主要工作是确定血红蛋白的结构。结果，他们在这个过程中发现了第一例分子病，也就是人们所说的镰状细胞贫血。鲍林经过详细了解得知，这种病的病因就在于患者的圆饼状的红细胞突变成了扭曲的镰刀状。镰刀状红细胞无法输氧，会造成患者严重贫血，出现呼吸困难、腹部疼痛、下肢皮肤溃疡等症状，严重的还会导致死亡。从那以后，鲍林决定着手研究红细胞（血红蛋白）的成分。

电荷的秘密

通过深入研究，鲍林和他的团队发现了一个重要事实：镰状细胞血红蛋白分子所携带的电荷要比普通血红蛋白细胞的多。他们推测,这种细微差别可能导致了疾病的产生。随后，鲍林的同事又证明了一件事，那就是镰状细胞贫血为一种遗传性疾病。这无疑使分子病的研究从单纯的分子医学领域拓展到了遗传学领域。

鲍林和团队进行大生物分子研究

鲍林是分子生物学的奠基人之一。
分子结构

▼ 莱纳斯·鲍林

分子与健康

基于一系列大生物分子的研究成果，鲍林提出了分子病的治疗思路。他认为，人们掌握某种分子病的分子结构以后，就可以通过调控分子的方式来进行疾病治疗。此外，鲍林还提出，人们如果能保持体内的分子是“恰当数量”，那么身体里面的化学物质就会趋于平衡，身体也会处于理想的健康状态。

鲍林是唯一一位两次独立获得诺贝尔奖的获奖人。

小百科

鲍林主张平时要大剂量服用维生素C，认为这可以预防感冒、抵抗各种病毒。然而，这番理论在医学界引起强烈反对，鲍林甚至因此遭到多方面的攻击。至今为止，科学界对于鲍林的主张是否正确也没有确切定论。

攻克小儿麻痹症的难关

索尔克

翻开医学的史册，我们不难发现，无论过去还是现在，人类似乎一直在与各种各样的疾病做斗争，包括危害程度极深的传染病。随着医学水平的不断提高，越来越多的传染病已经难以见到，小儿麻痹症就是其中之一。

没有硝烟的战争

小儿麻痹症是一种急性传染病。它会损害人类的脊髓以及呼吸系统，使患者出现肌肉萎缩、瘫痪等症状。因患者多是低年龄段的婴幼儿，故而得名。随着时间的推移，人们渐渐发现了脊髓灰质炎病毒，找到了小儿麻痹症也就是脊髓灰质炎的病原体。

20 世纪，小儿麻痹症成了一种流行病，横扫欧美多地。为了解决这个难题，不少科学先驱投身到小儿麻痹症的研究领域。1928 年，美国哈佛公共卫生院的两位工业卫生师发明了“铁肺”装置；1948 年，美国约翰·富兰克林·恩德斯、托马斯·哈克尔·韦勒和弗雷德里克·查普曼·罗宾斯成功在非神经组织培育出了脊髓灰质炎病毒……这些研究成果都为乔纳斯·索尔克成功研制小儿麻痹症疫苗奠定了基础。

科学家们研究脊髓灰质炎

向疫苗进军

美国微生物学家乔纳斯·索尔克一直对小儿麻痹症的相关问题深有研究。1948年，他有幸得到了美国小儿麻痹症全国基金会的资助，于是开始着手研发疫苗。索尔克通过实验认为，一些死亡或灭活病毒可以促使人体免疫系统生成抗体，从而抵御病毒侵袭，降低患者染病风险。所以，他在培养出病毒株后，又向病毒株加入了甲醛将其灭活，最终研制出了灭活病毒疫苗。

▲ 注射小儿麻痹疫苗

攻克小儿麻痹症

1954年，索尔克正式开始进行大规模的疫苗试验。此后，相继有上百万人注射了这种疫苗。此次试验被称为“史上规模最大的公共卫生试验”，开启了疫苗评估的大门。事实证明，索尔克研发的疫苗安全、可靠且效果良好。这标志着人类在应对小儿麻痹症上取得了决定性的胜利，索尔克也因此成为人们眼中击败小儿麻痹症的斗士。没过几年，美国医学家阿尔伯特·沙宾又研发出了一种可以口服的小儿麻痹症疫苗。它与索尔克的注射疫苗共同吹响了人类消灭小儿麻痹症的号角。

精神病人
弗洛伊德是精神分析学派的创始人。
弗洛伊德是奥地利精神病医师。

▲ 弗洛伊德阐述主张

西格蒙得·弗洛伊德

▼ 弗洛伊德提出梦的意义

弗洛伊德认为对梦境的分析可以有效治疗精神疾病。

西格蒙得·弗洛伊德是 20 世纪最具影响力的心理学家之一。他通过研究神经疾病，开创性地提出了精神分析理论，从而给无数病患带来了福音，同时也为人类医学研究提供了新的思路和治疗方法。

重要启蒙

1856 年，弗洛伊德出生在奥地利摩拉维亚弗赖的一户毛织商人家里。后来一家人为了生计，搬到了维也纳。1873 年，弗洛伊德开始进入维也纳大学学习医学。1885 年，弗洛伊德成了著名的神经病理学家让·马丁·夏科的学生。从老师夏科那儿，弗洛伊德学到了不少神经系统疾病方面的知识以及相关治疗方法。

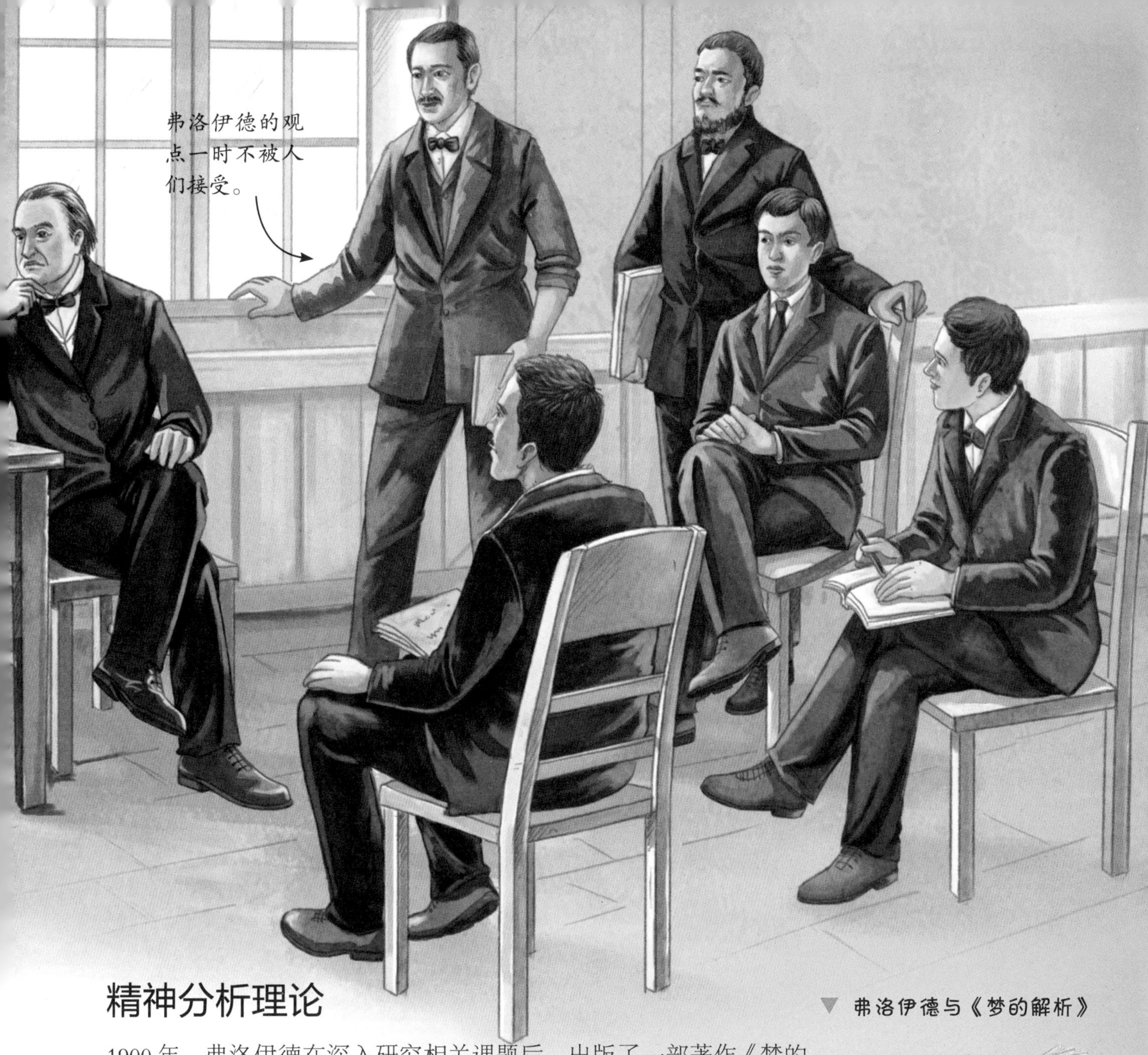

弗洛伊德的观点一时不被人们接受。

精神分析理论

1900年，弗洛伊德在深入研究相关课题后，出版了一部著作《梦的解析》。这部著作里，包含着弗洛伊德的一些精神分析理论，如“潜意识是人类行为的驱动力”“社会习俗会给人带来心理压力，而人们可以在梦境里发现自己潜意识的愿望，从而消除紧张情绪”等。不过，弗洛伊德最著名的理论观点是，他指出了“诸多神经症的源头是性冲动”。弗洛伊德关于性问题的探究很快引起轩然大波。

“谈心疗法”

当时，不少人患有一种精神障碍疾病——“歇斯底里症”。针对这类疾病，夏科常常采用催眠术进行治疗，可效果并不是十分理想。后期弗洛伊德在研究相关临床病例时，提出了一个与老师截然不同的“谈心疗法”。这种方法可以通过自由联想以及解析梦境的方式，洞察人们的潜意识，帮他们把压抑在内心的情绪抒发出来，从而有效处理患者的神经症。

▼ 弗洛伊德与《梦的解析》

《梦的解析》被誉为改变人类历史的书。
梦的解析

抗疟良药“青蒿素”

疟疾是一种由疟原虫造成的传染病。

▲ 携带疟原虫的按蚊

几千年来，疟疾作为人类生命健康的克星，一直在为祸四方。人们屡次尝试各种方式和方法，试图消灭这种传播广泛、破坏性极强的传染病，可是结果却很不理想。直至 20 世纪 60 年代青蒿素诞生，人类治疗疟疾才取得突破性进展。

制造疟疾的“元凶”

很长一段时间里，人们都认为“恶劣的空气”是制造疟疾的罪魁祸首。直到 19 世纪末，法国医师夏尔·路易·阿方斯·拉韦朗以及英国微生物学家罗纳德·罗斯关于疟疾的研究，彻底改变了人们的想法。自此，人们才真正了解，原生动物疟原虫为引发疟疾的凶手，疟疾具有传染性、寄生性，按蚊就是这种疾病的主要传播者。

中药抗疟

虽然知道了疟疾的致病病因，可人类研发抗疟药物的过程却有些曲折。1967 年，事情终于有了转机。这一年，中国启动了“抗疟项目”，中国药学家屠呦呦也很快参与到这个项目中来。因为中国自古便有用中药治疗疟疾的先例，所以屠呦呦和同事们先后研究了 2000 多种方药，从中筛选出了 640 余种具有抗疟效果的药材。

中药的历史悠久，从几千年前人们就用中药治病了。
从20世纪60年代起，屠呦呦就开始研究抗疟药物。

▼ 屠呦呦和同事们研究中草药

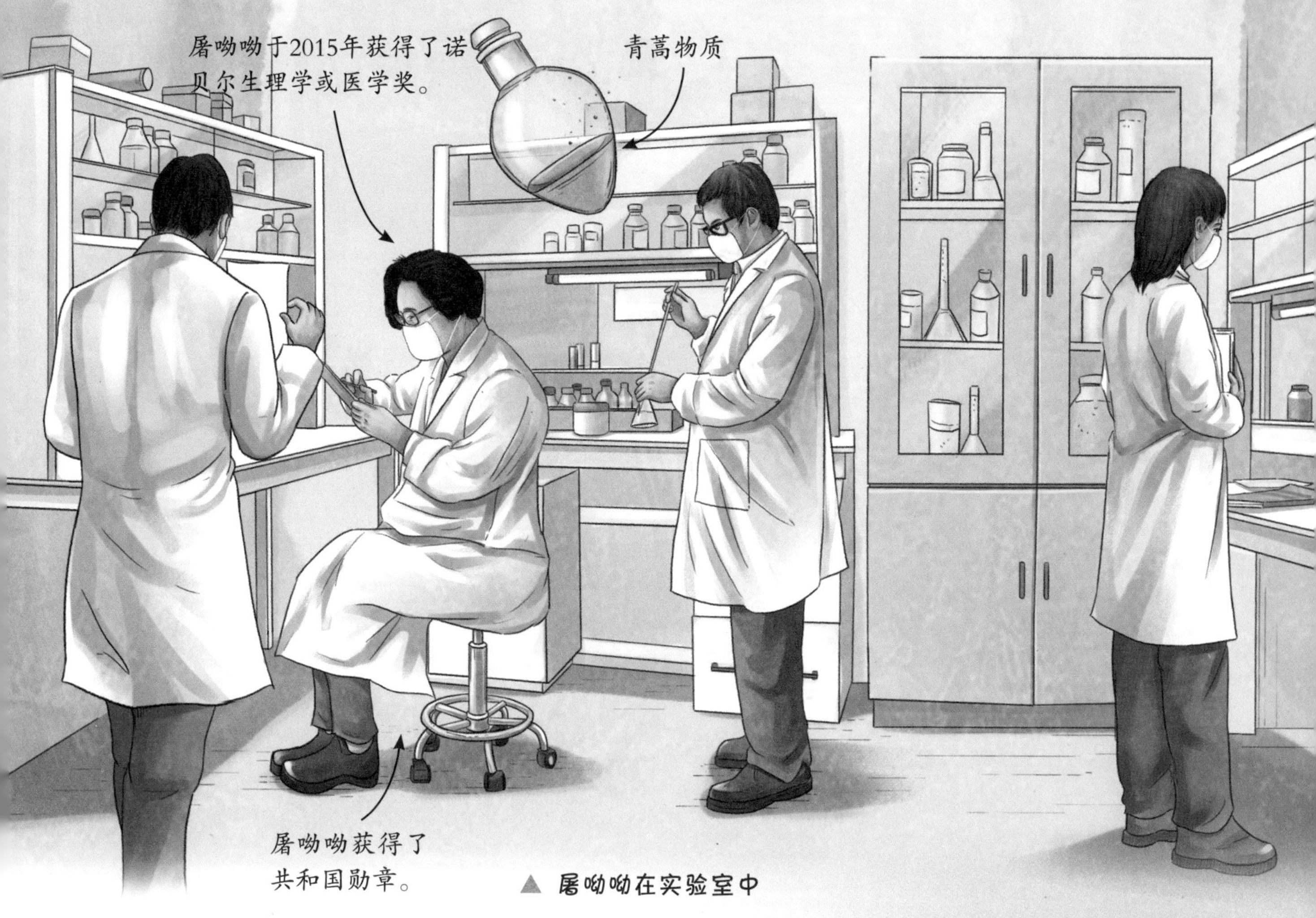

屠呦呦于2015年获得了诺贝尔生理学或医学奖。
青蒿物质
屠呦呦获得了共和国勋章。

▲ 屠呦呦在实验室中

发现青蒿素

通过研究，屠呦呦和同事们发现，青蒿提取物可以抑制寄生虫生长。他们本以为抗疟研究取得了突破性进展，然而，现实却给了他们重重一击。在接下来的实验中，这种青蒿提取物的表现很不如人意。究竟是哪里出了问题呢？大家百思不得其解。后来，他们翻阅大量古代文献，最终在东晋葛洪的《肘后备急方》中找到了答案。

原来，传统的加热提取青蒿物质的方法会破坏这种药物的活性。后来，他们改用低温提取，果然提取到了抗疟活性较高的青蒿物质。1971 年，在获得中性无毒的青蒿提取物之后，屠呦呦和同事们先在小鼠和猴子身上进行了试验，随后又在自己身上进行了试验，结果都非常成功。1972 年，他们又在青蒿提取物中提取出了一种包含抗疟成分的无色结晶体。这就是我们所说的“青蒿素”。不久，可以对抗疟疾的青蒿素药物被研发出来。

巨大贡献

很快，对抗疟疾的青蒿素药物最先在中国得到广泛应用，成功挽救、治愈了成千上万的疟疾病人。紧接着，一些亚洲以及非洲地区也开始使用青蒿素治疗疟疾，并取得了非常不错的效果。时至今日，青蒿素仍然是抗疟、治疟药物的不二之选。

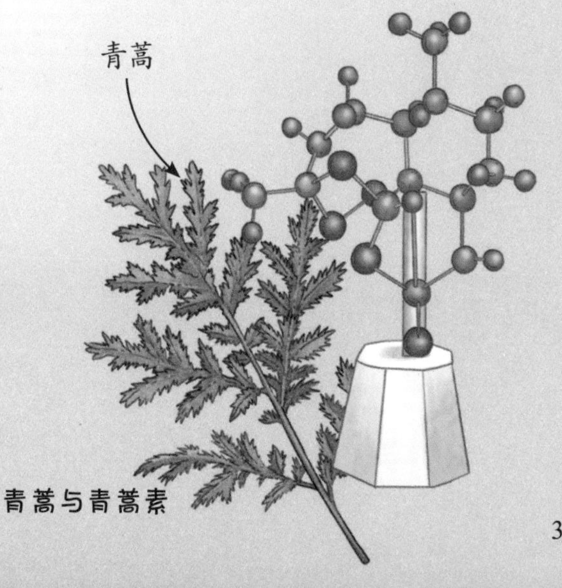

▶ 青蒿与青蒿素

与癌症的不懈斗争

手术治疗癌症

癌症是世界公认的夺走人类生命的最危险的杀手之一。提起它，或许很多人会不寒而栗。但随着医学水平的不断提高，我们已不再像过去那样对其束手无策了。从传统的手术医治，到现在的基因新疗法，人类一直在努力摆脱癌症带来的可怕梦魇。

肿瘤根治术

古时候，人们对于癌症不但缺乏科学性的认知，而且没有有效的治疗方法。18 世纪，随着显微镜的广泛应用，科学家们对肿瘤的研究逐渐深入起来。19 世纪初，人们渐渐开始采用手术的方式治疗癌症。可是，一些医学研究者发现，单纯地切除肿瘤组织并不能彻底根治癌症，是因为很多人会出现病情复发的情况。1882 年，美国外科医生威廉姆·哈尔斯蒂得在治疗乳腺癌时，使用了一种“肿瘤根治术”，即在切除肿瘤的过程中，也要切除肿瘤周围的组织，以防止癌症复发。

放射治疗

19 世纪末，伦琴、贝克勒尔、居里夫妇先后在电离辐射方面取得了重要研究成果。这些成果为人类研发放疗技术奠定了坚实的基础。1903 年，俄罗斯的医生首次使用放射性元素治愈了两名皮肤癌患者。此后几十年间，放射治疗逐渐成为继手术疗法后最主要的癌症治疗手段。

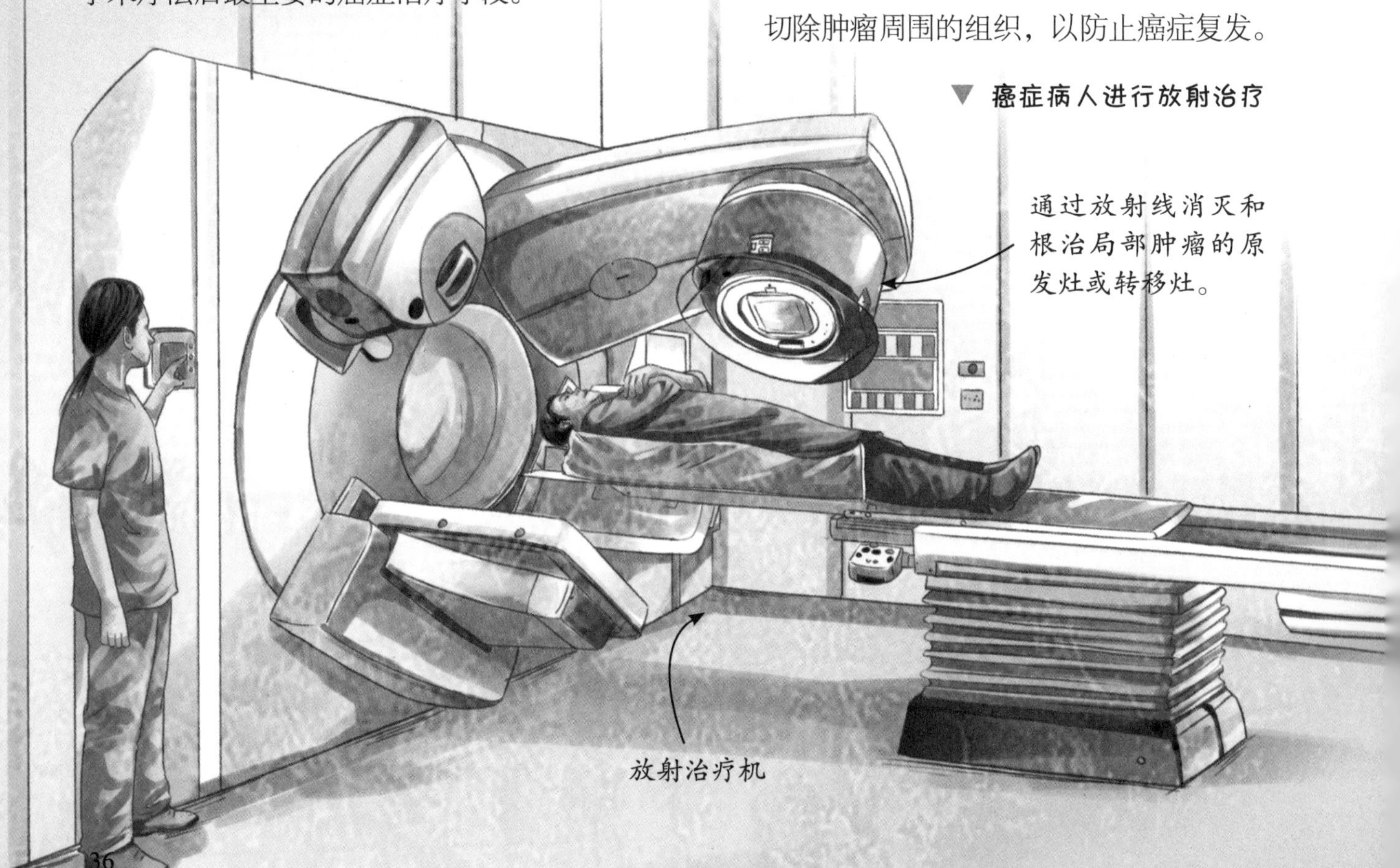

通过放射线消灭和根治局部肿瘤的原发灶或转移灶。
放射治疗机

癌症病人进行放射治疗

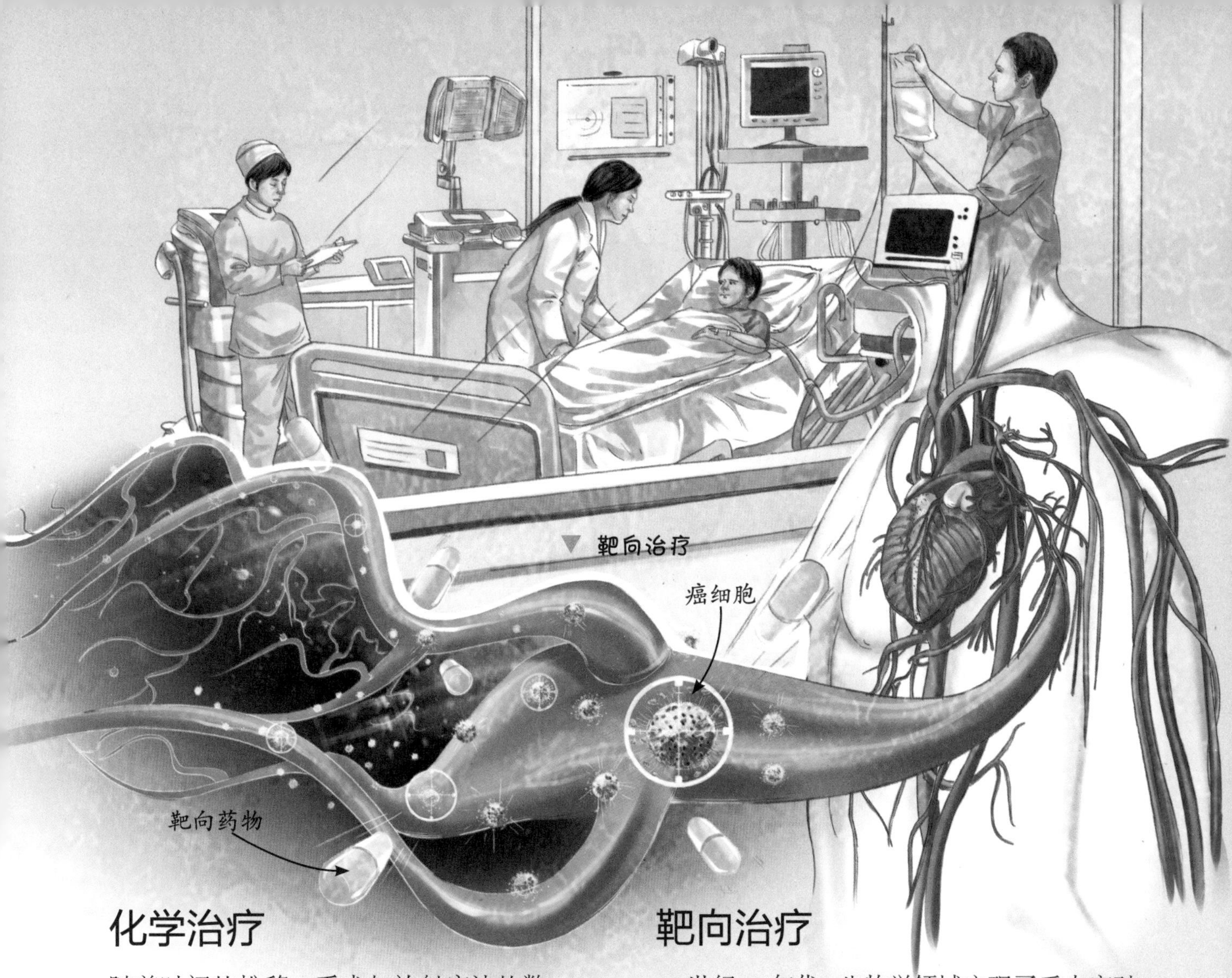

化学治疗

随着时间的推移，手术与放射疗法的弊端渐渐显露出来，人们开始寻找更高效的癌症治疗办法。后来，一些医学家尝试用化学药物抑制肿瘤细胞繁殖，进而杀死它们。20世纪40年代，美国药理学家吉尔曼率先把氮芥应用到淋巴瘤患者的临床治疗中。自此，肿瘤治疗正式开启了化学模式。紧接着，一批又一批的化学药物被开发出来。化学药物最大的优势是可以抵达身体各部，识别、杀掉全身的癌细胞。

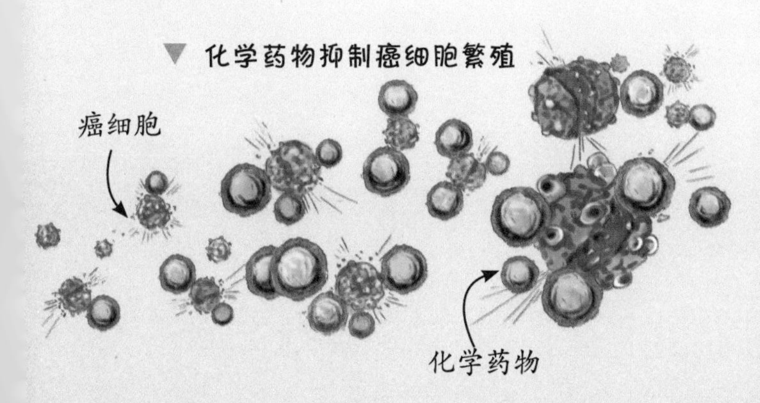

靶向治疗

20世纪50年代，生物学领域实现了重大突破，人们发现了DNA双螺旋结构。这为癌症治疗又提供了新的思路。人们意识到，或许可以通过阻止DNA的复制分裂来抵抗癌症。就这样，靶向治疗诞生了。靶向药物如同一枚枚导弹，进入人体后，能对癌细胞进行精准打击。最重要的是，靶向药物与化疗药物相比，对人体其他正常细胞的副作用也较小。

免疫疗法

进入21世纪，人们不再单纯依靠外部力量来对付可怕的癌症，而是提出了“免疫疗法”。这种通过增强人体自身免疫系统抗癌的新方法，是人类抗癌历史上的里程碑。如今，我们可以用肿瘤疫苗、靶向抗体、免疫检查点抑制剂、溶瘤病毒等多种免疫疗法，突破癌细胞的层层防线，使癌症治疗收获良好的效果。

修复残缺的身体

对于一些患者来说，有些身体损伤虽然不是致命的，可是却足以在他们的心里留下深深的伤疤。随着医学科技的全面发展，人们研究出了各种各样的修复术。这让那些饱受伤病遗留问题困扰的人看到了希望的曙光。他们因此重拾自信，摆脱了伤病带来的丝丝阴霾。

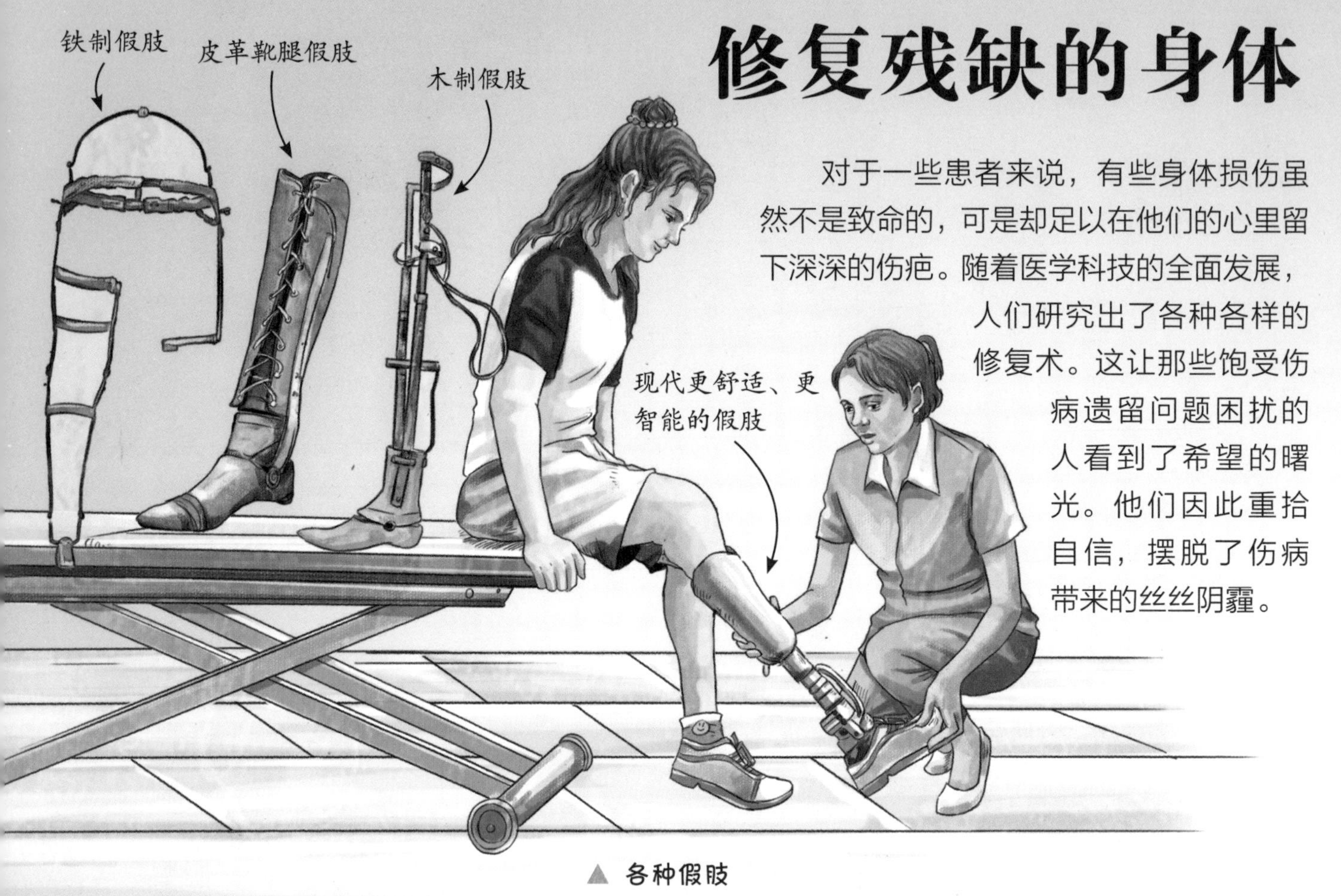

▲ 各种假肢

假肢

世界上每时每刻都有因各种因素截肢的患者。为了帮助他们恢复一定的肢体能力，医生有时会建议患者安装假肢。从传统的木肢、铁肢，到组件式假肢，再到铝合金、碳纤维复合材料假肢……人类的假肢发展历史同样走过了一段漫长的岁月。不过，现如今，得益于科技的进步，人们发明出了“仿生假肢”。这种假肢受人体肌电信号控制，凝聚着 3D 打印等多种前沿技术，简直就像真实肢体一样灵活。

▼ 修补牙齿

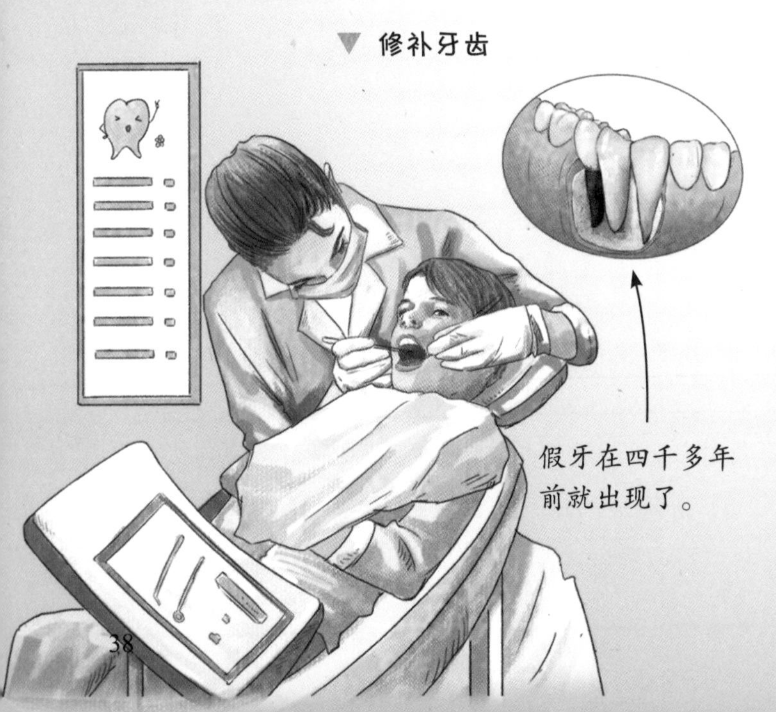

假牙

与假肢一样，假牙也属于“体外修复体”。它同样是医学史上一项非常重要的发明。早在古埃及时期，人们就已经懂得用人工牙齿替补缺失的牙齿了。一直以来，人们制造假牙的材料可以说五花八门，动物骨头、象牙、金银等，都曾以牙齿的身份出现在人类的口腔中。现在，假牙主要分为陶瓷假牙、金属假牙、塑料假牙三种，多为复合材料。这些假牙不但美观、干净、卫生，而且更重要的是实用性更强。值得称赞的是，如今人们还掌握了牙齿种植技术。

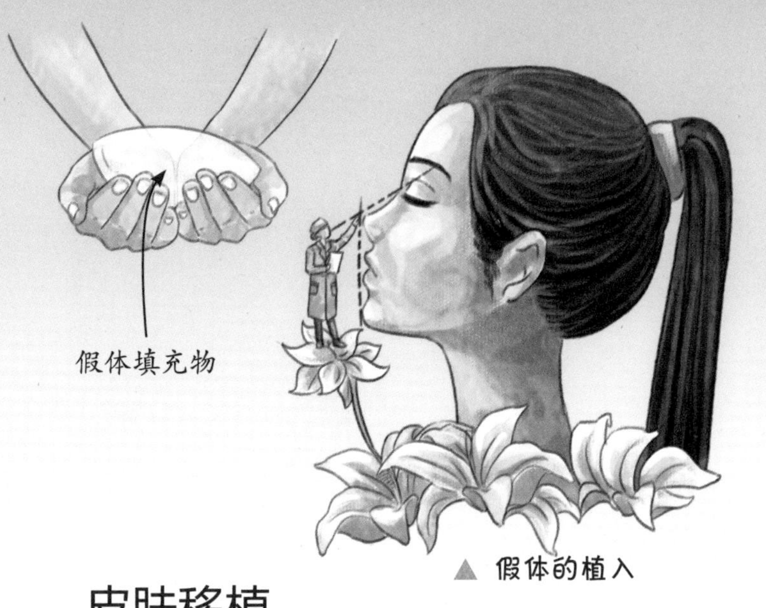

▲ 假体的植入

假体

在医学修复领域，除了“体外修复体”，还存在一种“植入性修复体”。顾名思义，它是植入人体内部的假体。相比较而言，这种假体在美容、整形方面应用更为广泛。我们熟知的硅橡胶、高泰克斯等就是隆鼻、隆胸过程中必不可少的假体材料。

皮肤移植

如果因为烧伤、烫伤造成皮肤损坏怎么办？别担心，有皮肤移植技术在，这些问题就能解决。我们从患者或者其他人身上“采集”一些皮肤，移植到受损区域，这样患者的创伤面就可以慢慢愈合啦！要知道，现在医学界的皮肤移植技术已经相当成熟，最多甚至能修复患者全身 90% 的表皮。

▼ 皮肤移植手术

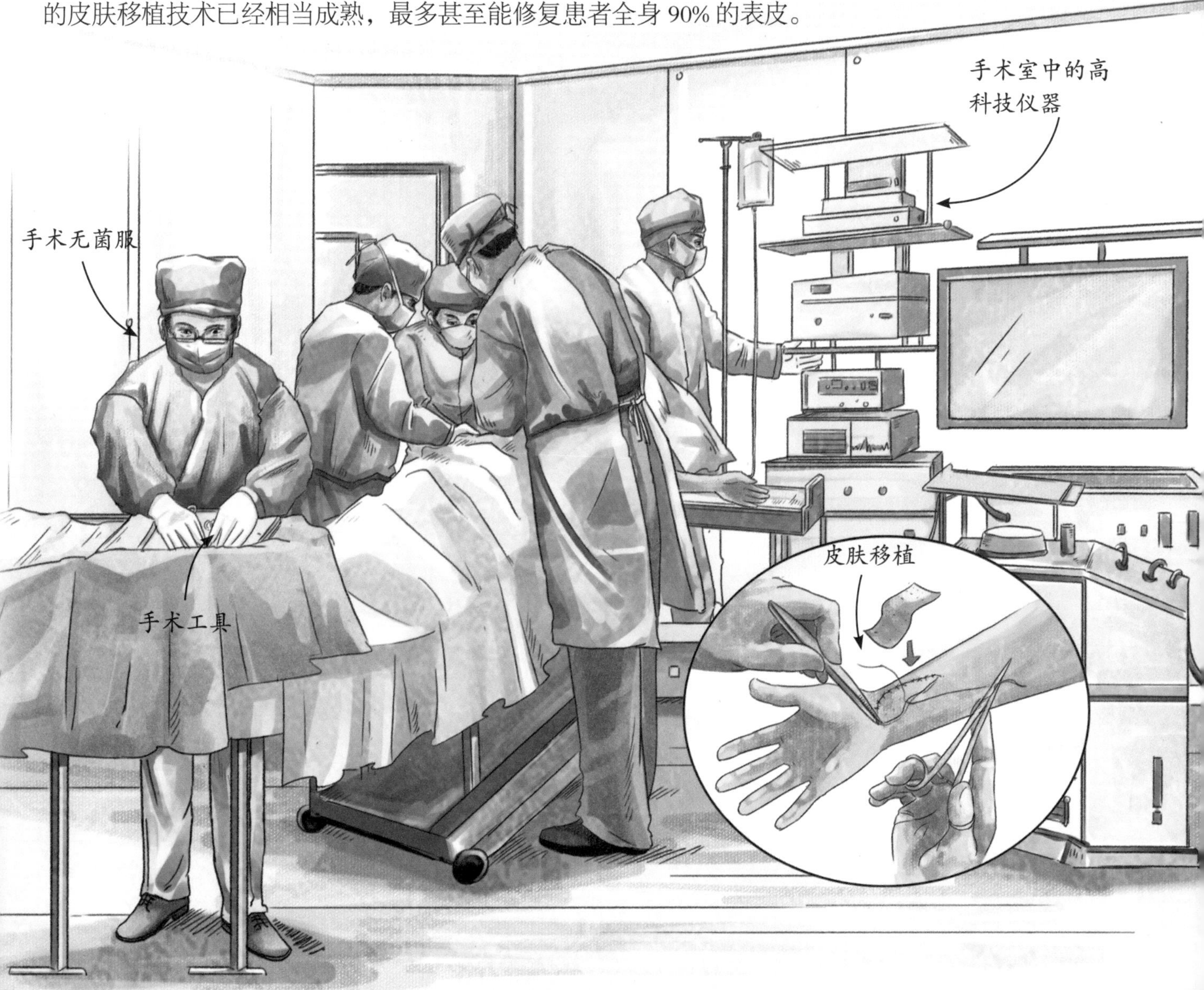

干细胞治疗

近年来，随着细胞生物学与医学科技的迅猛发展，人们在细胞治疗领域接连取得了一系列的重要成就。这其中尤以“干细胞治疗”的成绩最引人注目。作为一种新式治疗方法，干细胞治疗对很多疾病都有着不错的治疗效果。它被认为是继生物克隆、基因工程之后最伟大的生物科学成果，掀起了新一轮的医疗技术革命。

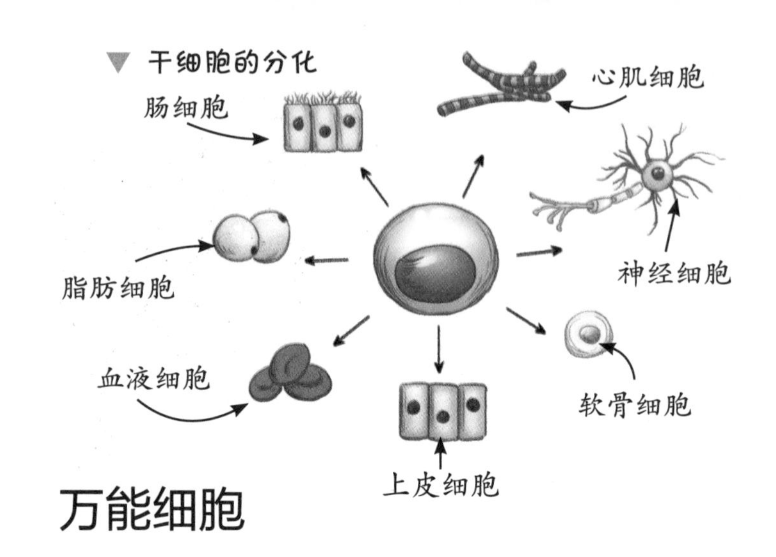

▼ 干细胞的分化

万能细胞

干细胞是一种具有自我更新能力和多向分化潜能的原始细胞。人类身体中的器官、组织乃至细胞，都是干细胞制造出来的。也就是说，在某种条件下，干细胞可以“变身”，分裂、分化成不同功能的细胞，具有强大的再生功能。干细胞主要存在于造血组织和血液中。

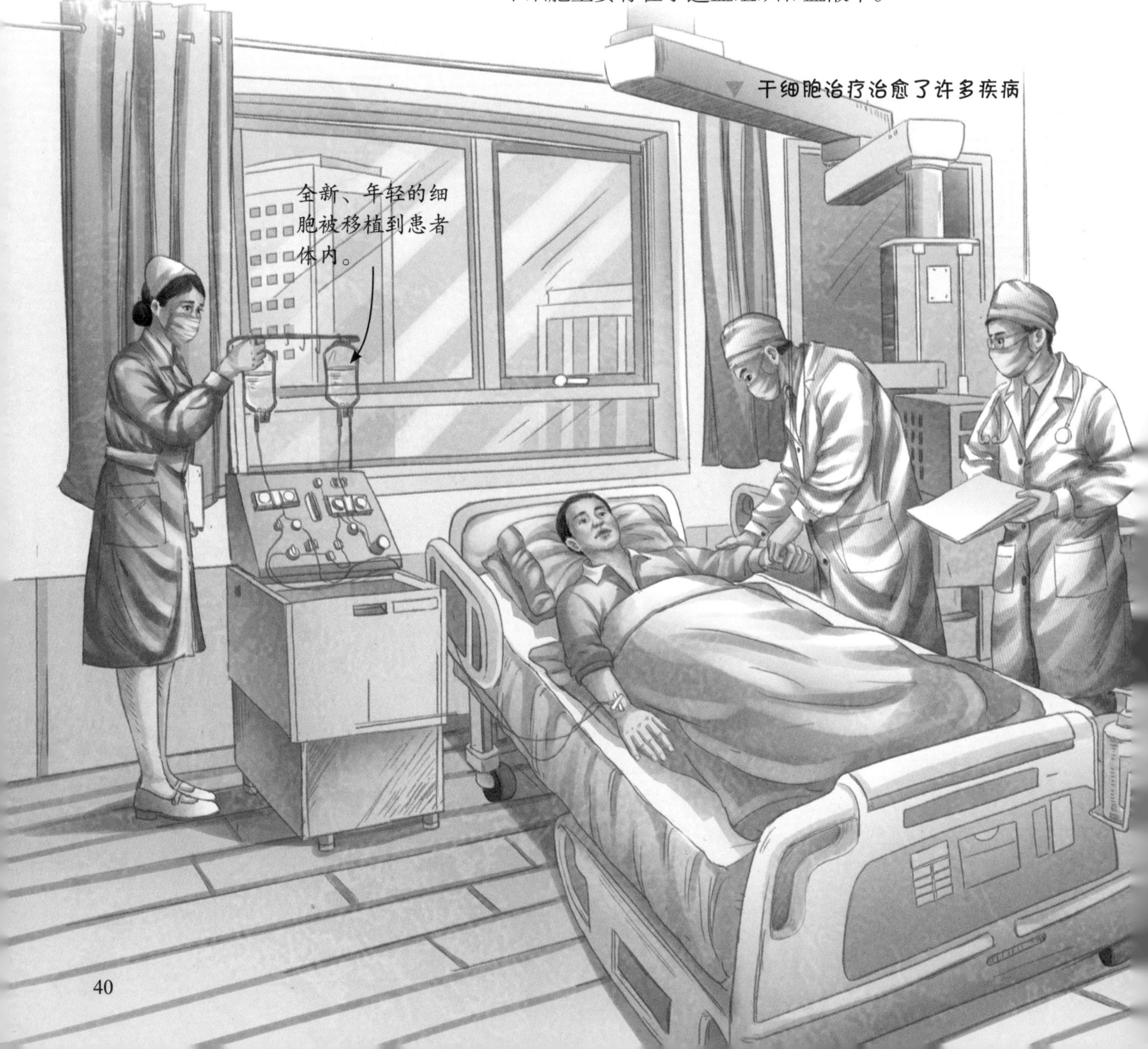

▼ 干细胞治疗治愈了许多疾病

走上医学前线

20 世纪 60 年代末，人类开始在临床使用干细胞治疗技术。1988 年，法国教授格拉克曼率先完成突破，用脐带血造血干细胞移植技术成功挽救了一位贫血儿童。自此，人类医学正式开启了“脐带血造血干细胞移植”时代。经过多年发展，现在造血干细胞移植渐渐成了治疗肿瘤以及一些恶性血液病的主力。

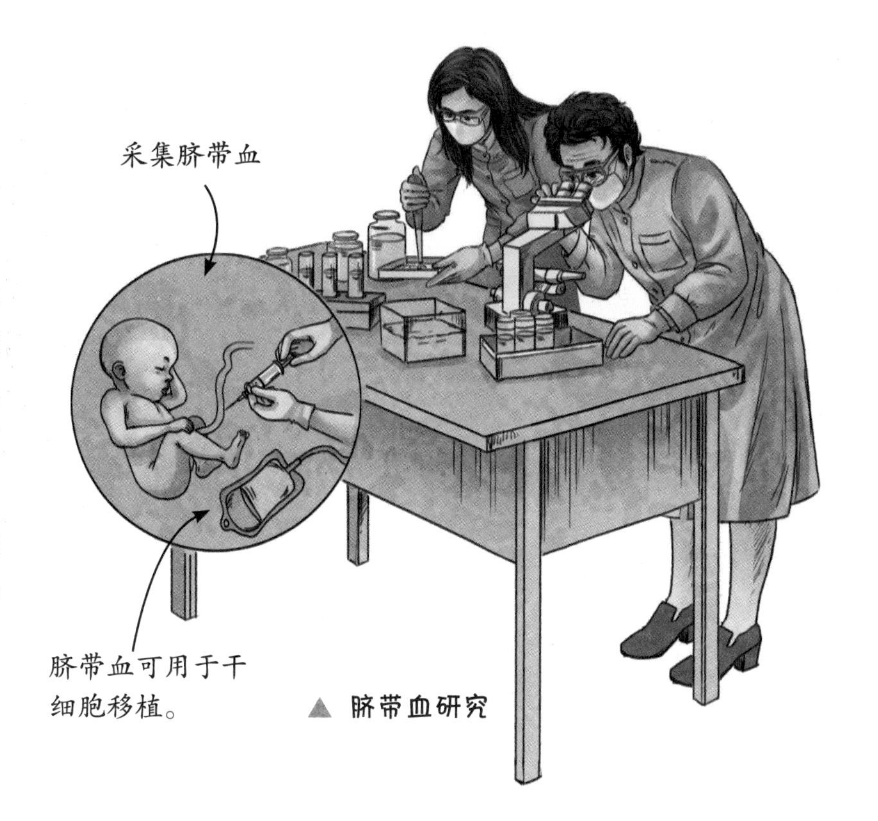

▲ 脐带血研究

外周血的崛起

要知道，造血干细胞有几大主要来源，分别是脐带血、骨髓和外周血。在之前的临床治疗中，人们普遍使用“骨髓造血干细胞移植”。然而今时今日，在科技的助力下，“外周血造血干细胞移植”渐渐成为主流。这意味着，某些时候人们只需献血就能挽救病患，而不是像之前那样进行麻烦的骨髓穿刺抽取才可以。

小百科

事实证明，干细胞治疗除了在骨髓移植方面大有作为外，还在脑瘫、肝硬化、糖尿病、癌症等多种疾病治疗方面有着不错的效果。

▼ 外周血用于造血干细胞移植

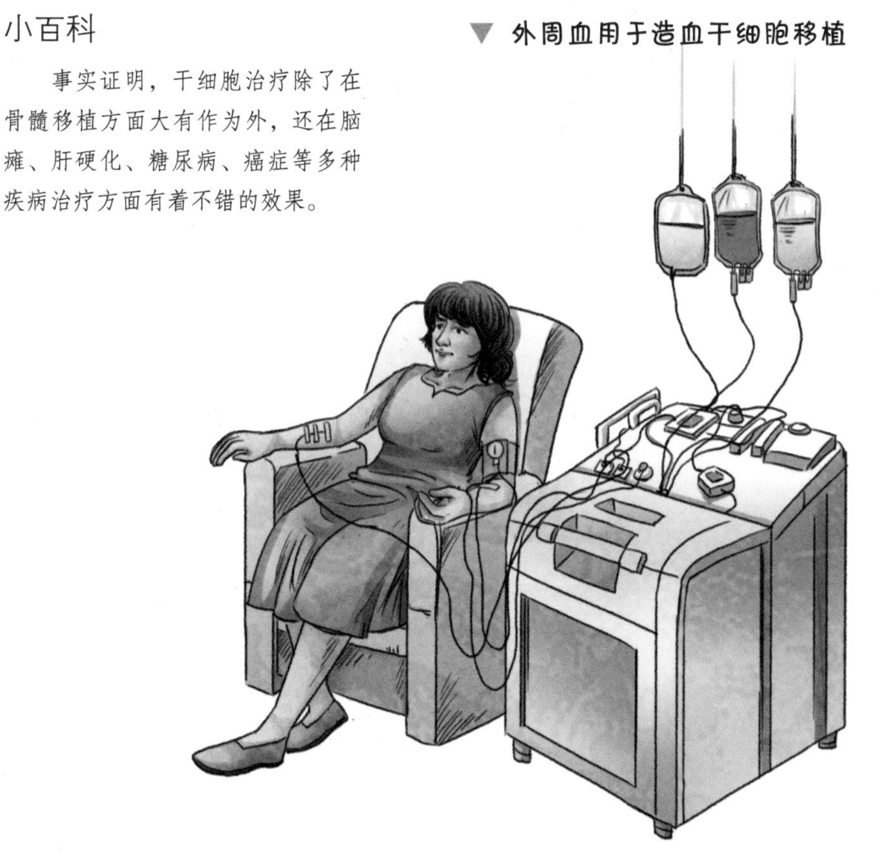

器官移植

从很久以前开始，人们就在思考，如果人体的器官出现问题甚至威胁生命时，是否能通过换器官来延长生命？于是，很长一段时间内，器官移植成了人类医学领域的终极梦想。然而直到 20 世纪，人类才将器官移植的梦想变成现实，让一些患者迎来了新生。

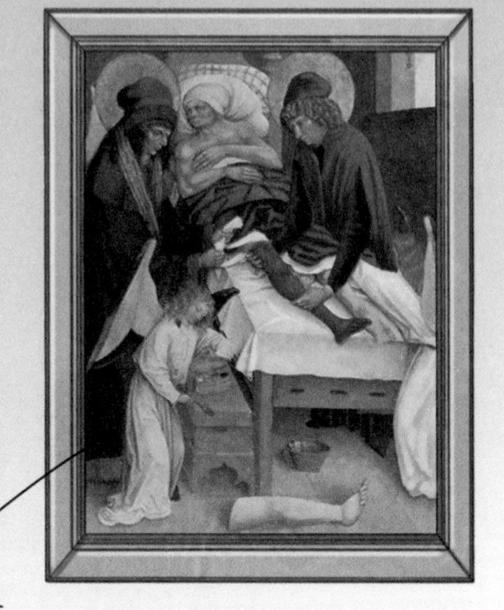
油画中，病人正在
进行器官移植。

▲ 文艺复兴时期的油画

久远的梦想

追寻历史的足迹，我们不难发现，器官移植这个重要的课题很早之前就开始出现了：古埃及的文字记载中，有关于牙齿移植的描述；中国传统著作《列子》里，记录着神医扁鹊为人换心脏的故事；文艺复兴时期的油画中，有移植肢体的画面……这些无疑都是人类构建器官移植梦想的佐证。

开创历史的移植

1905 年，奥地利眼科医生爱德华·泽尔在医治一名双眼烧伤的工人时，把从一位刚刚死掉的男孩眼内取下的眼角膜，移植到了工人的眼中。没想到，工人竟然恢复了视力，重见光明。虽然，工人的右眼在术后不久就再度失明，可是这件事一度成为当时医学界的头版头条，开创了人类医学器官移植的历史。

▼ 爱德华·泽尔进行角膜手术

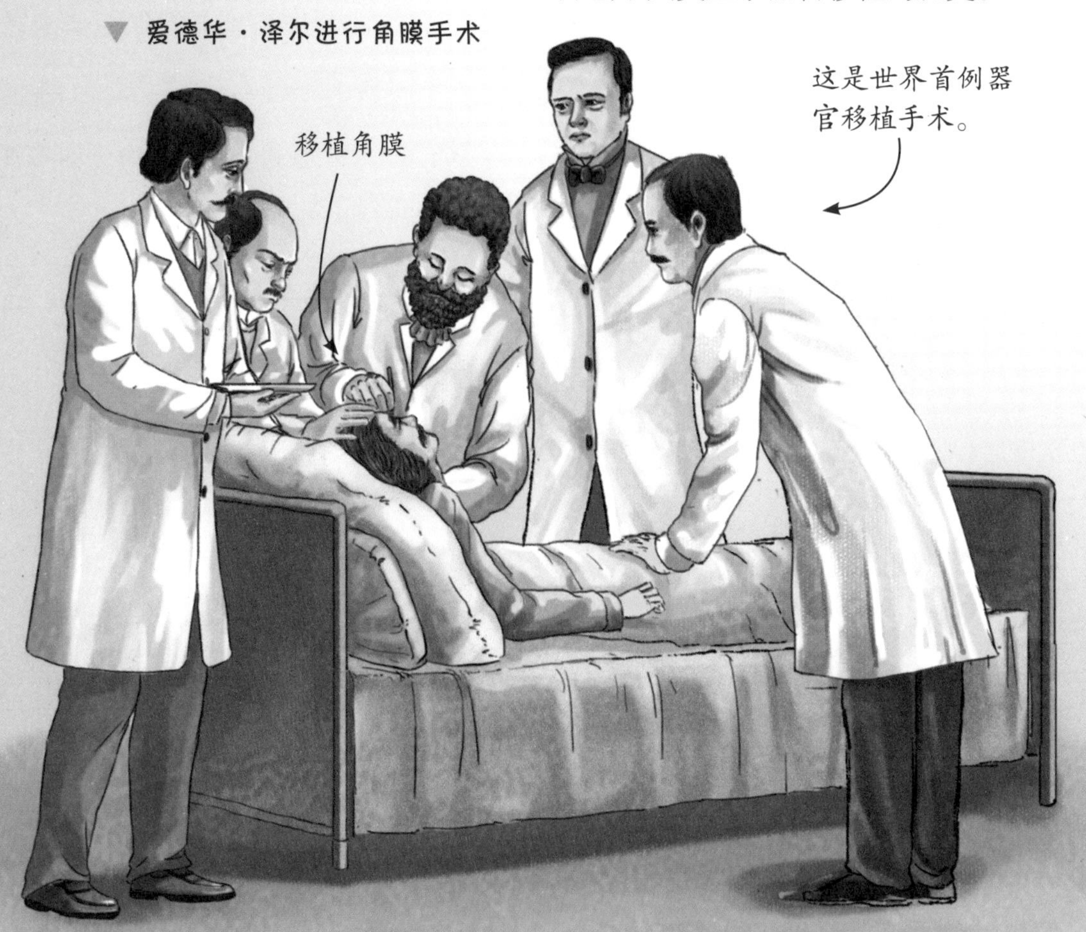
移植角膜
这是世界首例器
官移植手术。

虽然 20 世纪初，一些医学研究者进行过不少肾脏移植方面的尝试，可是几乎全都因排斥反应失败了。后来，英国生物学家彼得·梅达瓦发现了“获得性免疫耐受现象”，为人们解决临床移植排斥问题指明了方向。在此基础之上，1954 年，美国医生默里进行了一次特殊的肾移植手术，手术的对象是一对同卵双胞胎，其中哥哥患有尿毒症。这次肾脏移植手术足足进行了五个多小时，最终取得圆满成功。可以说，它创造了人类器官移植的新纪元。

▼ 正在进行的肾脏移植手术

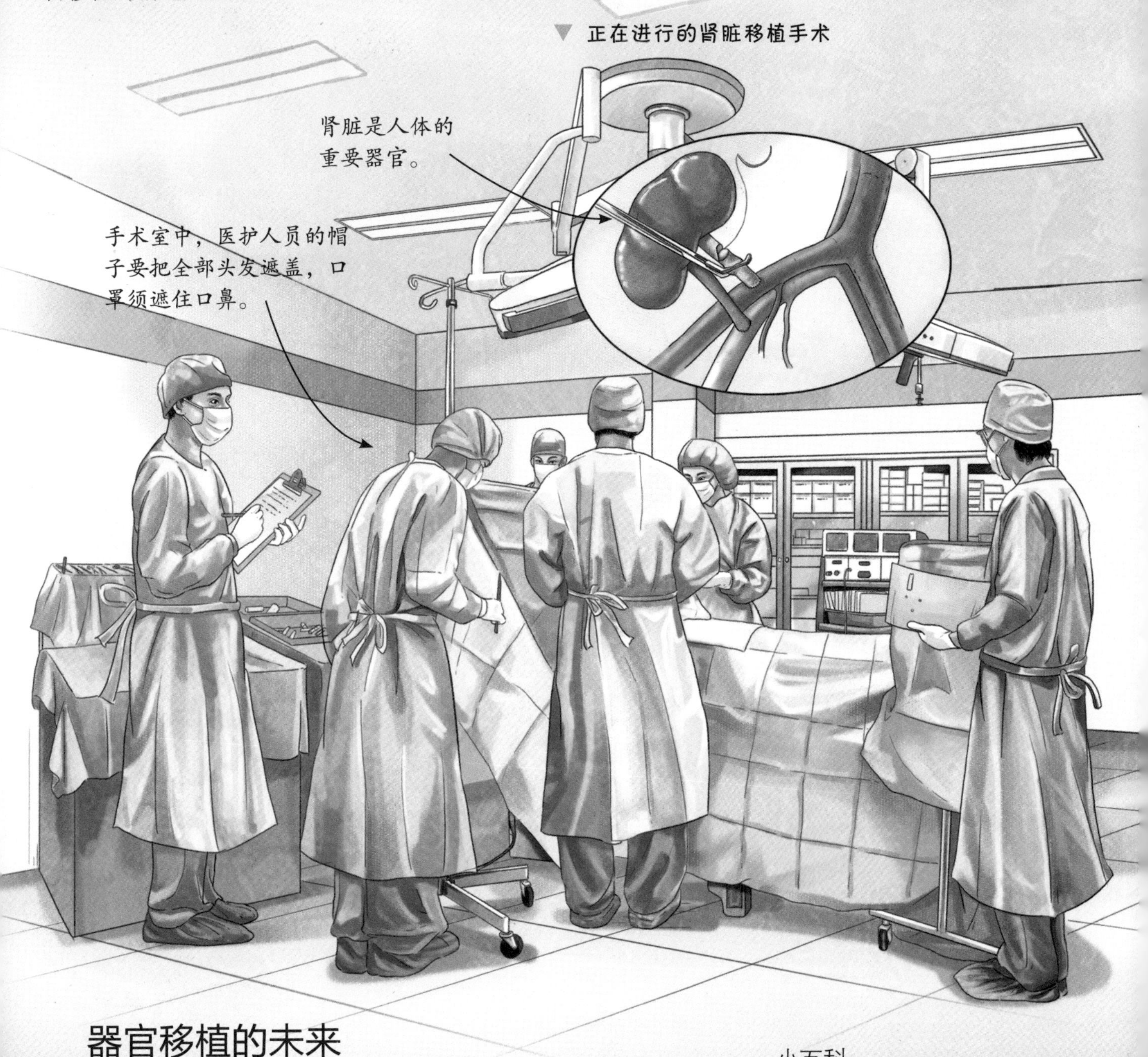
肾脏是人体的
重要器官。
手术室中，医护人员的帽
子要把全部头发遮盖，口
罩须遮住口鼻。

器官移植的未来

虽然，一个多世纪以来，人类器官移植技术成效卓著，但“器官供体”却一直非常缺乏。有关统计表明，目前器官如眼角膜的提供者与接受者的比例是 1:5000，器官移植存在相当大的“供体缺口”。所以未来，人们除了要日渐提高器官移植技术，还应投入更大精力解决“供体资源”紧缺的问题。

小百科

此后几年间，默里继续努力，还进行过“首例活体非亲属供肾”的肾脏移植手术。

3D打印被用于打印医用
特殊移植物和装置。
3D打印是采用数字技术
材料打印机来实现的。
▲ 3D打印技术被用于医学

层出不穷的新技术

或许我们曾看过不少想象力超凡的医学科幻片。在这些佳作中，一项项吸引眼球的高科技让人印象深刻：器官坏了，3D 打印技术分分钟给你造一个；如果感觉不舒服，AI 能帮你筛查疾病，甚至做手术；而神秘的基因测序技术，则可以助你提前预知自己可能会患上哪种疾病……不要惊讶，事实上，这些尖端技术早已走进了我们的生活。

3D 打印技术

3D 打印技术有多牛？只有你想不到，没有它办不到！它打印的医疗模型能让医生在术前了解病人的病灶结构，从而制定最完善的手术方案；3D 打印假肢优势多多，既能量体裁衣，实现与患者身体结构的完美契合，又具备微孔结构，利于骨骼生长；至于药品制造，于它而言更是小事一桩。骨骼、耳软骨、心脏瓣膜、眼睛、皮肤等，3D 打印技术统统都能创造出来！

人工智能

进入 21 世纪以后，科学界兴起了一股人工智能浪潮。尤为引人注意的是，它正在向各个领域渗透，医学领域自然也少不了它的身影。日常生活中，利用这项尖端技术，我们可以进行疾病筛查、药物研发、健康管理、基因检测等多方面的工作。相比较而言，在疾病诊断等多方面，人工智能的工作能力要比人类更为出色。

▼ 人工智能

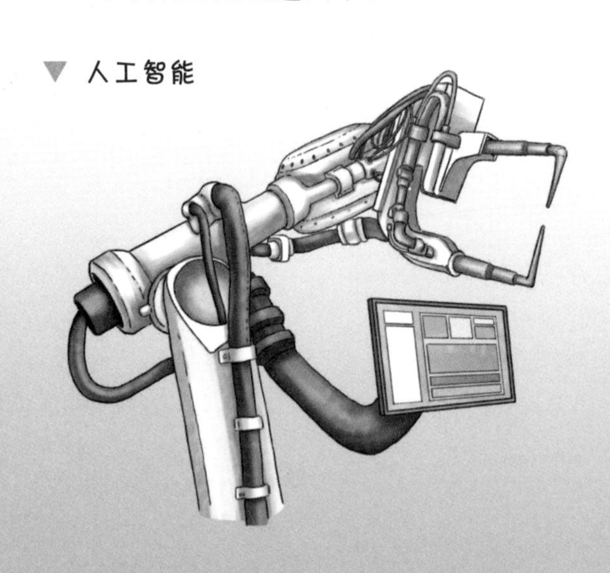

基因测序

你能知道明天是什么天气，但你知道自己将来可能会患上哪种疾病吗？基因测序就能帮你完成这个不简单的任务。通过检测我们唾液或血液中的基因序列，可以了解到很多有价值的信息，如运动天赋如何、酒量怎么样、未来患上哪种疾病的几率更高等。有了它，我们就能提前预防，采取一系列的措施降低疾病的发生概率。

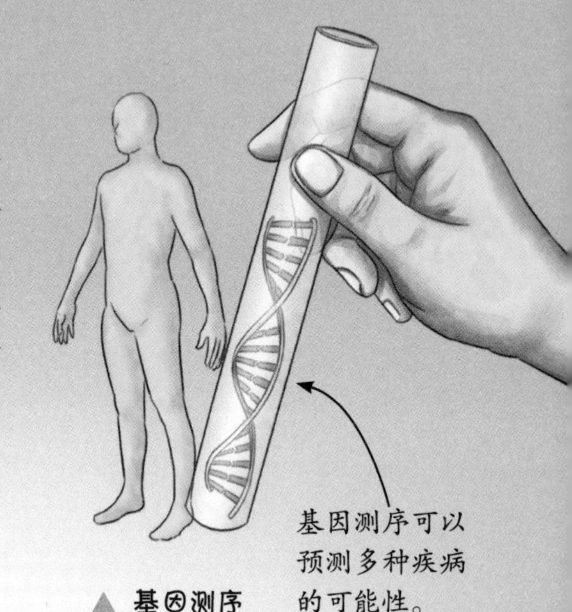

基因测序可以预测多种疾病的可能性。

▲ 基因测序

大数据

众所周知，人类社会已经进入了大数据时代。计算机大数据在推动医学科技的发展上同样功不可没。收集、整合医疗系统数据，在线共享优秀的治疗方案，对比患者各项数据、信息，都是大数据日常工作的一部分。它减少了医疗资源的浪费，对人们了解、认识疾病，提升医疗价值等多方面都有重要意义。

▼ 大数据进入医疗领域

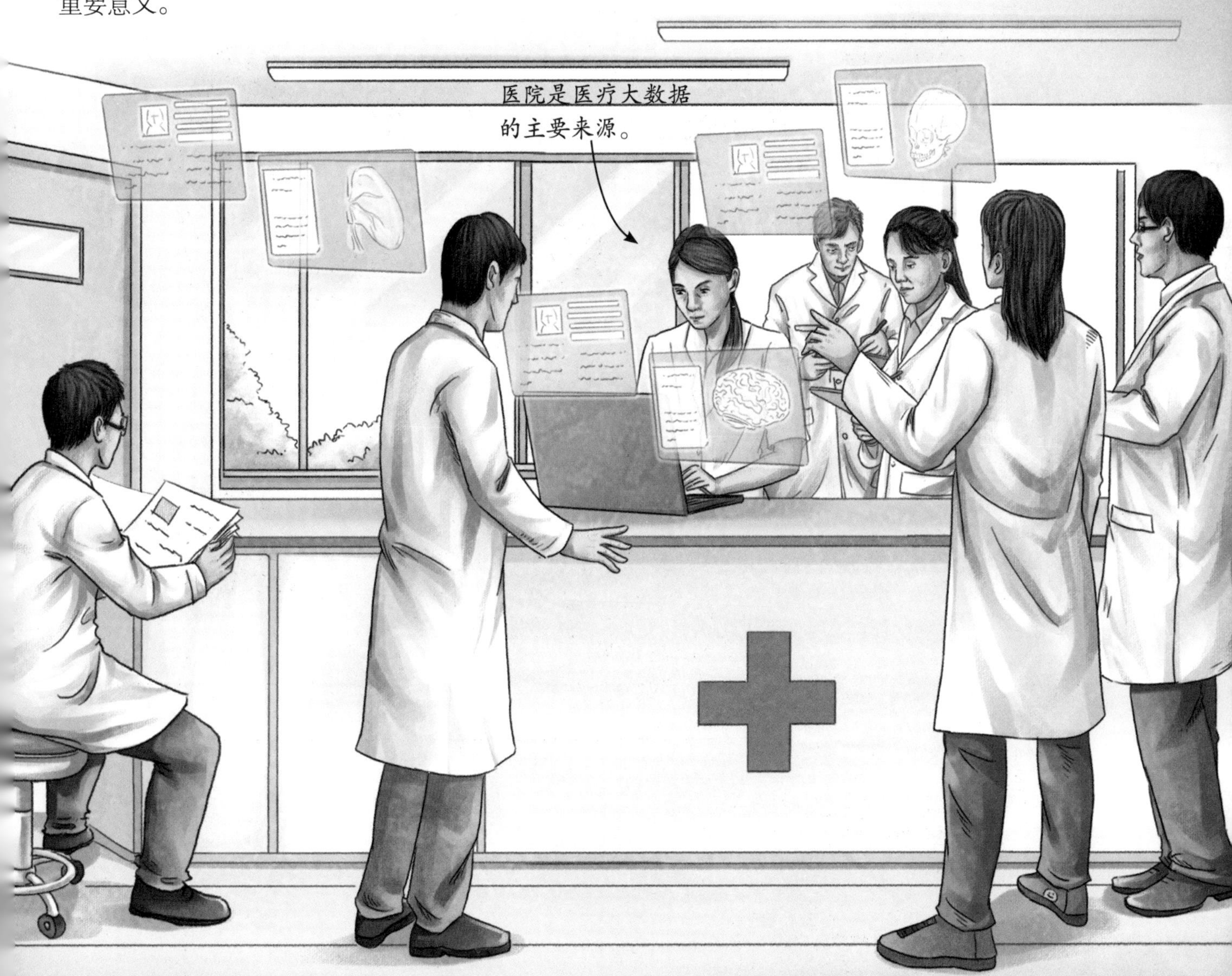

医院是医疗大数据的主要来源。

未来医学

未来充满了太多的不确定性，谁也不能准确预知未来究竟会发生什么事情，科学界会迎来怎样的伟大变革，医学亦是如此。除了满怀憧憬的拭目以待，我们或许可以通过现有医学的发展趋势，大胆预测一下未来医学的发展方向。

走向预防

现如今，人类医学还处在治疗阶段，也就是说大部分人只有当疾病发生时，才会进行相应治疗。未来，随着科技水平以及人类自我意识的提高，预防医学将展现出强劲的发展势头。到那时，定期做疾病预测性检查会成为人们的共识，而且为了规避患病风险，还会提前接受预测性治疗。

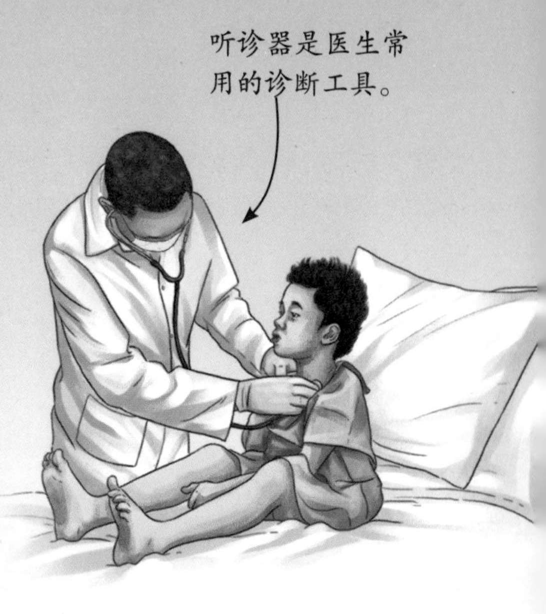

听诊器是医生常用的诊断工具。

▲ 定期体检

▼ 医生对患者进行会诊

医生在治疗前，会充分了解患者病情相关信息。

精准治疗

DNA 双螺旋结构的发现以及人类基因组计划的实施为医学发展提供了很多可能。基于此，一些专业人士认为，未来临床治疗将更注重“量体裁衣”。也就是说，人们未来将喜迎个体化医疗的新时代，医生将根据患者信息量身定制，设计出独特的诊断、治疗和后期恢复方案。

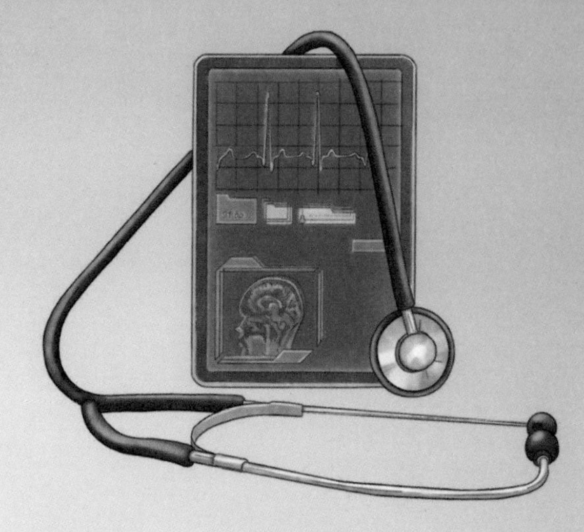

与各项科技紧密结合

独木不成林，多学科的共同发展促进了医学的进步，而医学领域的一些优秀成果也加快了其他学科持续向前的步伐。未来，其他学科将继续为医学添砖加瓦。多领域的尖端技术会更加深入地参与到医疗工作当中来，在疾病治疗、医学难题研究等多方面做出应有的贡献。

信息化、智能化

可以肯定的是，未来医学将继续走信息化、智能化道路。不久的将来，人类的临床信息系统将变得更加细致、全面、完善；远程医疗水平进一步提高，患者足不出户与医生实现互联会变成常态；在大数据、云计算等先进科技的支撑下，人们能构建出更为详尽、互通的健康档案，便于后期治疗、使用……

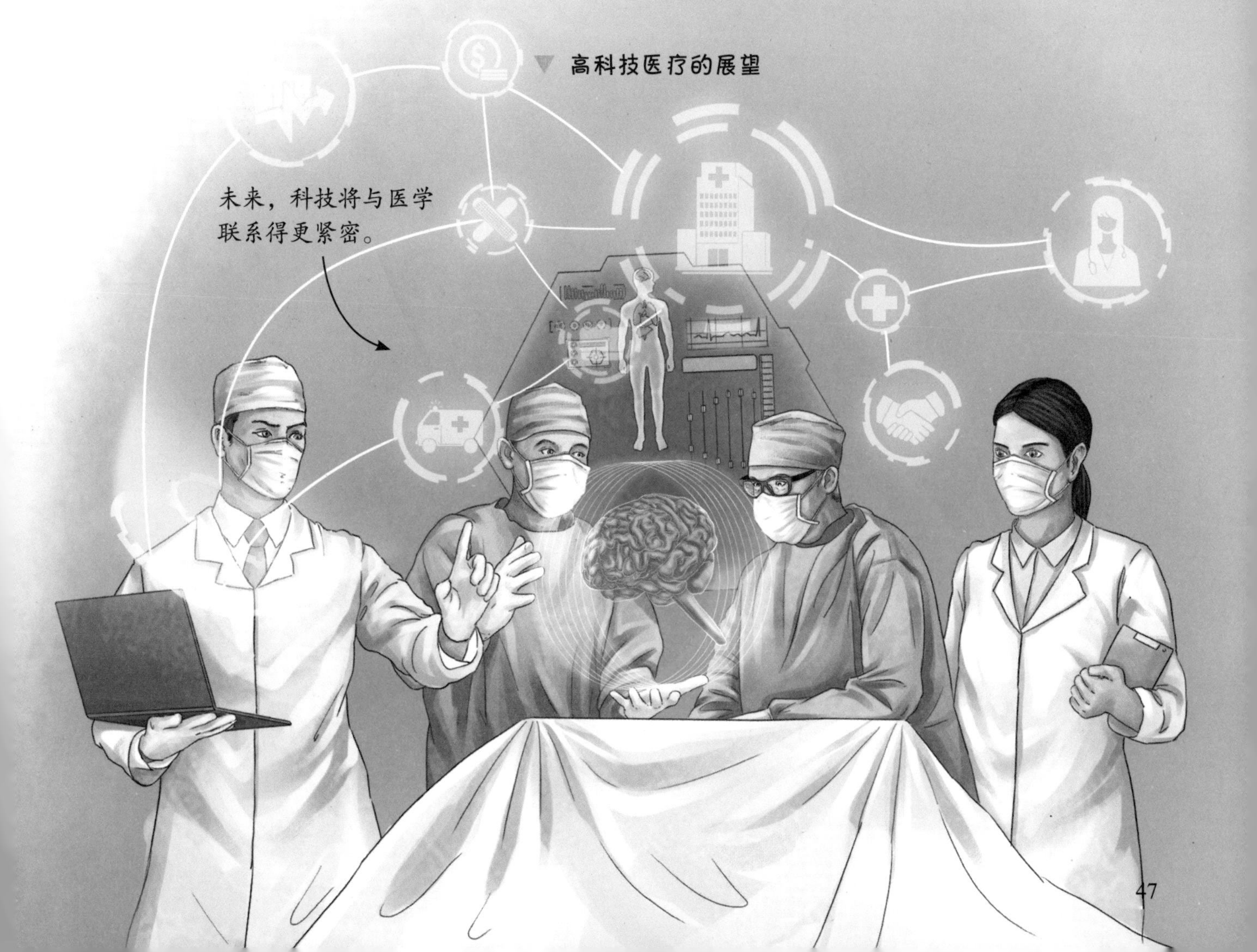

▼ 高科技医疗的展望

化学

自从有了化学，人类便与化学结下了不解之缘。从火的使用、陶器的烧制到铁器的冶炼，都是化学技术的应用。如今，化学作为一门基础科学，已经在生活的方方面面发挥着举足轻重的作用。

中国古代化学

人类与化学的渊源可以追溯到远古时代。当我们的祖先第一次学会使用火时，有关化学的故事就悄然展开了。随着时间的推移，人们在与自然相处的过程中，逐渐积累了一些实用的化学知识，并将其应用到原始的工艺制造上。而古代中国很长一段时间内都是化学文明的领跑者，创造了一系列的化学发明，为人类化学科学的进程做出了突出贡献。

《天工开物》是世界上第一部关于农业和手工业生产的综合性著作。

▲《天工开物》中冶炼场景

冶炼金属

中国的冶炼技术历史悠久。早在春秋时期，古人就掌握了冶炼生铁的技术，我国成为世界上最早发明和使用生铁的国家。另外，我们的祖先还较早地发明了高强度的铸铁和钢。而且充满智慧的古人很早之前就开始冶炼黄铜、含镍白铜以及锌等金属，这些先进工艺让中国在世界冶炼工艺文明中独领风骚。

烧陶制瓷

烧陶制瓷是一种特殊的化学生产工艺。早在商代，我国古人就发明了施釉技术。在制作陶器、瓷器时，将石英、黏土等原料组成的物质涂抹在陶、瓷表面，这些物质经过高温改造，会发生化学变化，使制品拥有玻璃般的光泽。几千年来，这项古老的技艺一直传承至今。

古人烧制陶瓷

火药

作为中国古代的四大发明之一，火药在世界化学史上具有非常重要的意义。这种粉末状的混合物燃烧以后会发生化学反应，瞬间释放大量气体，使物体体积急剧膨胀，从而发生爆炸。火药出现之初主要被应用于炼丹以及娱乐表演，直到唐朝末年才变身为厉害的火器。

▲ 火器

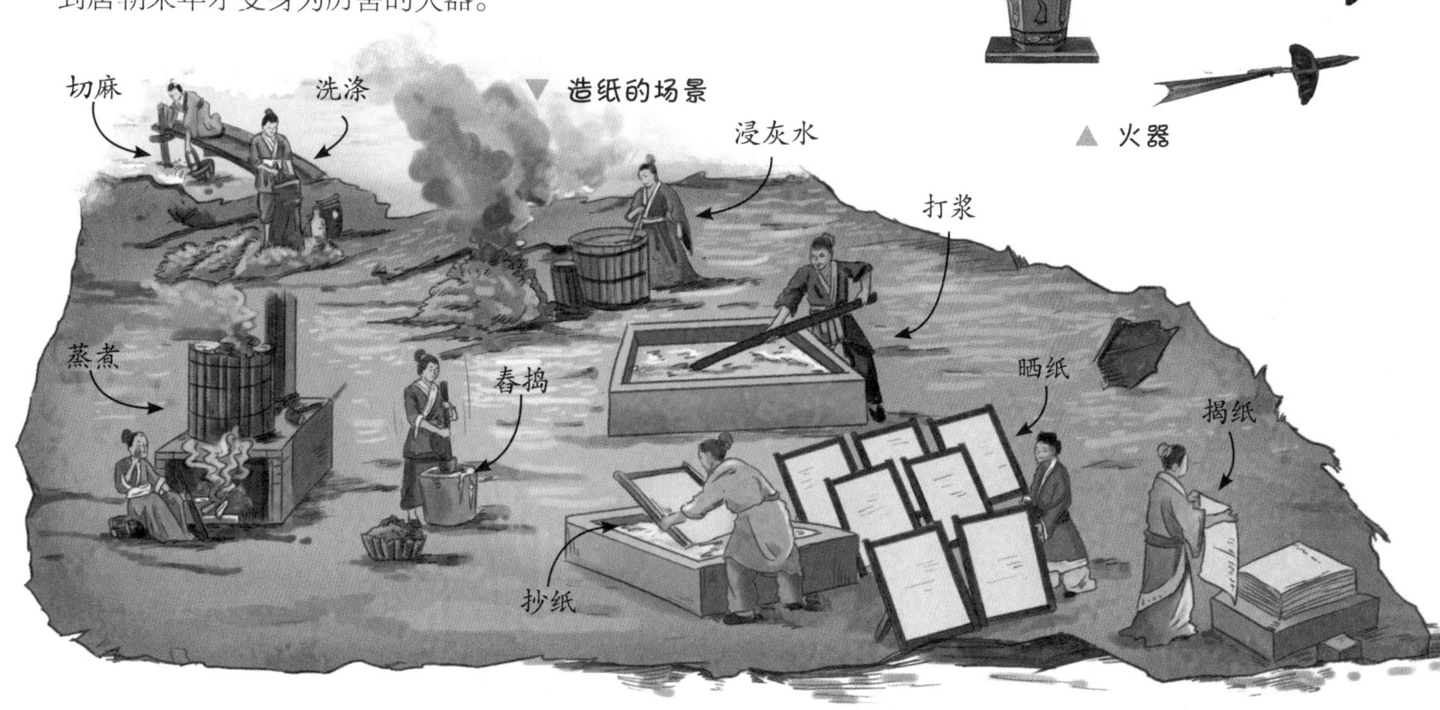

▼ 造纸的场景

造纸术

纸张出现之前，我国古人大都用竹简和丝帛来记录、书写文字，而西方地区则多使用一些造价高昂的牛皮纸和羊皮纸。东汉时期，蔡伦总结前人经验，以碎布、树皮等为原料，将其浸泡在石灰水和草木灰混合而成的溶液中，然后把原料捣烂，再经过高温蒸煮、刮薄、晾晒等几道工序，最终制成了“蔡侯纸”。

制墨技术

“墨”作为文房四宝之一，一直是中国传统文化的重要象征。在古代，人们所使用的墨基本是纯手工制作的，制作原料主要为松烟、桐油烟、漆烟和胶。墨虽然看起来比较普通，但是也要经过炼烟、和料、制模、压模、晾干、描金等多道工序才能制作完成。南北朝之后，古人制墨技术日渐成熟，并慢慢形成了一套系统的工艺。

人们反复捣杵锤敲，制成坯料。
北魏贾思勰的《齐民要术》最早记述制墨的方法。

▲ 制墨

染料与染色

化学染料没有出现之前，古人就制作出了色彩华丽的衣服，他们是怎么办到的呢？答案就藏在自然界的植物和矿物里，从那些不起眼的树皮、根茎、枝叶、花朵到名贵的朱砂、青金石等，都是非常不错的天然染料。

古人的染色技艺炉火纯青！人们在生活实践中，慢慢掌握了多次浸染、套染、媒染等多种多样的染色方法。《齐民要术》《天工开物》等文献中就详细记载了一些染色技术。早在周朝时，随着染色技术的成熟和需求的增加，当朝特地设立了专职部门和官员来掌管纺织品染色。

▼ 染布

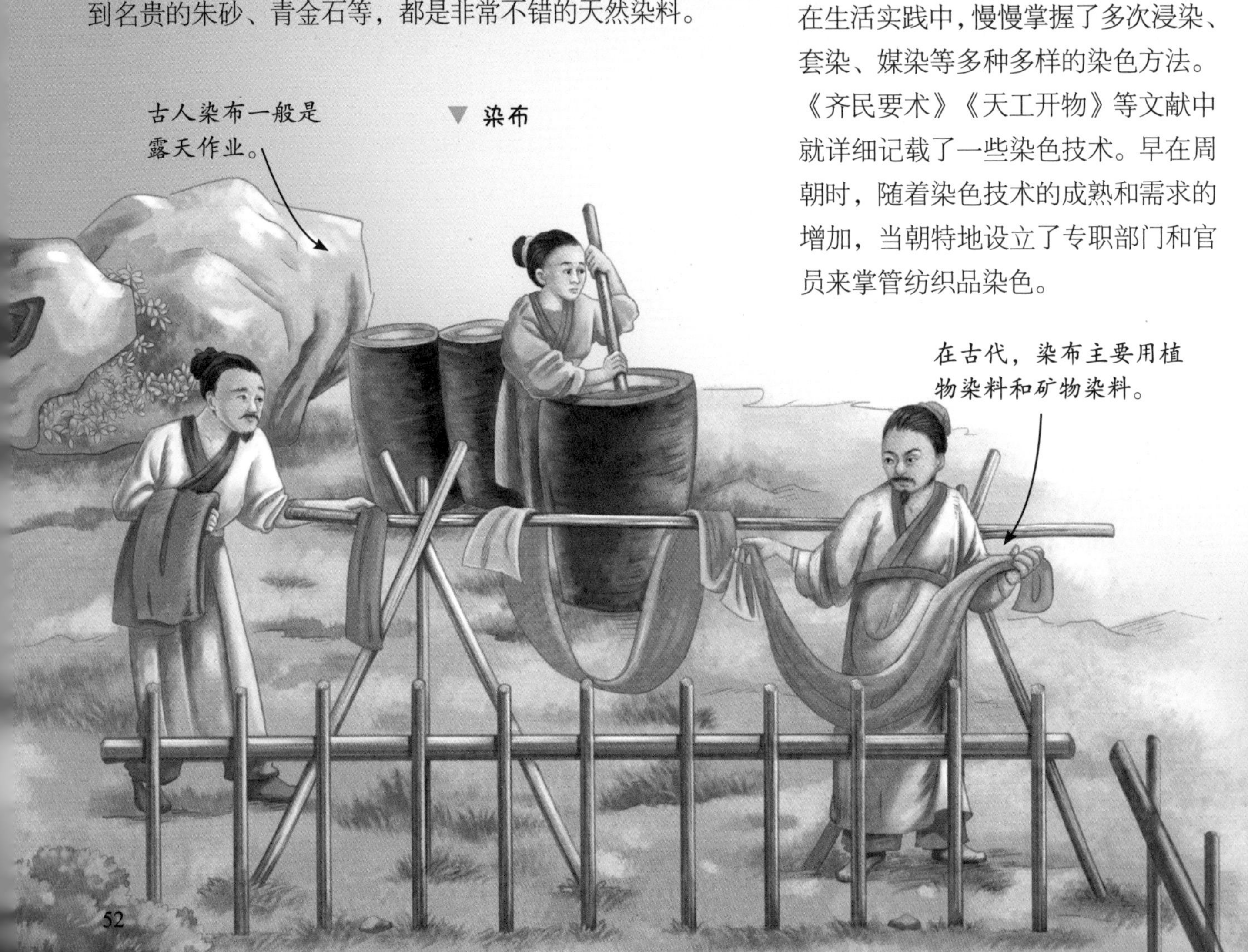

古人染布一般是露天作业。
在古代，染布主要用植物染料和矿物染料。

人们把结晶的粗盐收集
起来，进一步加工。
古人利用日光、风
力蒸发浓缩海水。
刮板可以收拢海盐。
在古代，盐的生产和
流通被国家垄断。

▲ 盐田制盐

制盐

食盐作为一种必不可少的调味品，其制造、生产历史同样十分悠久，早在很久以前，中国沿海一带的人们就掌握了用海水制盐的方法。他们先是想方设法把海水引入到盐田里，然后静置一段时间，海水就会在风力以及光照的作用下，慢慢浓缩，进而结晶变成盐。这种传统的“蒸发结晶”的制盐方法继续传承了千百年。

▼ 酿酒

古代酿酒的
主要原料是
五谷杂粮。
蒸馏器

酿酒

有关资料表明，中国的酿酒历史或许可以追溯到原始氏族社会。随着时间的推移，人们酿酒的方式日益精进。不过，“发酵法”始终是古人最常用的酿酒方法。酒曲就是其中的精华所在。酒曲中含有多种微生物，在它的作用下，谷物才会糖化、发酵，经过滤后最终变成甘甜的美酒。

元素和炼金术

前面我们提到过，哲学家们认为世界是由元素构成的。在亚里士多德时期，世界上的元素只有水、土、气和火以及代表永恒和精神的以太。而他又将其对应了冷、热、干、湿四种基本性质。尽管如此，当时的科学家们还不能理解，物质的形态其实是由元素分子的排列变化而决定的。与此同时，炼金术的盛行也开始让人们注意到化学知识的存在，并在不经意间加以利用和发扬……

希帕蒂娅还是有史记载的第一位女数学家。

希帕蒂娅制作出了提取蒸馏水的设备。

▲ 希帕蒂娅

世界上第一位女性科学家的元素研究

公元前 3 世纪，埃及的亚历山大成为世界文化的中心。这里诞生了世界上第一位女性科学家希帕蒂娅。她出身书香世家，受父亲的熏陶从小就接受了良好的教育，在数学和哲学方面都有所成就。她注意到了元素可以有不同的形态，比如水可以结成冰，铁也可以被熔化。但元素的这种可见属性只是研究的皮毛。那时许多科学家还没能理解元素分子的排列才是决定其形态变化的因素。

西方的炼金术

当一些科学家在进行元素研究的时候，西方的炼金术也正在盛行。西方的炼金术主要来源于三个地区——埃及、古希腊以及阿拉伯。埃及是最早论述炼金术的地区，当时有一块翡翠石板记录着最早的炼金术典籍。这时炼金术与元素论是有联系的，虽然一些炼金术士以此骗取许多不义之财，但他们在其中运用了化学知识及技术，也在一定程度上推动了化学向前发展的步伐。

▼ 炼金术

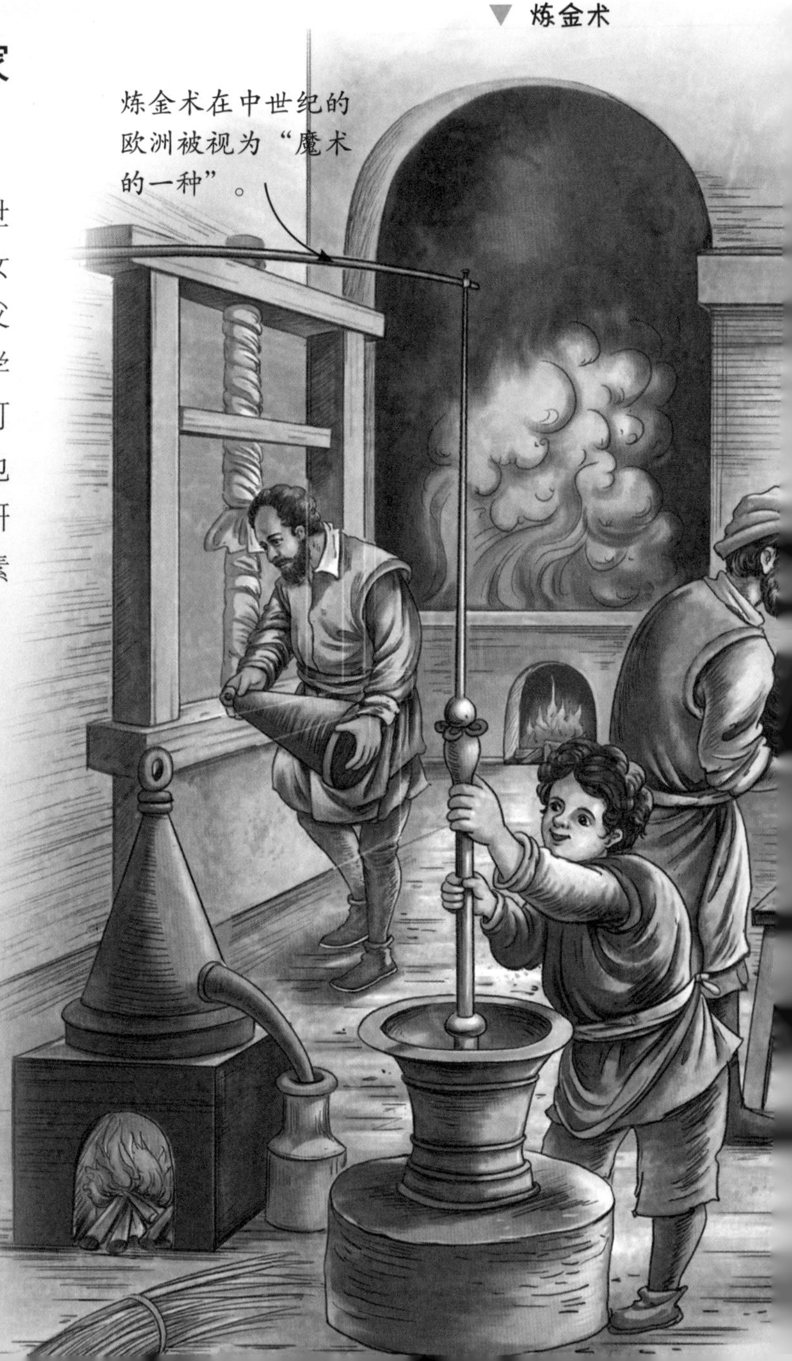

炼金术在中世纪的欧洲被视为“魔术的一种”。

东方的炼丹术

在西方元素说盛行之时，我国古代也有金、木、水、火、土五行之说，特别是一些江湖术士以此为依据，炼制丹药以骗取钱财。在炼制丹药的过程中，古代人民也利用了一些含特定化学元素的物质，比如朱砂、水银等，尽管在现在看来，这是一种封建迷信的象征，但在这一过程中无形地促进了古代化学的发展。

▲ 中国古代炼丹

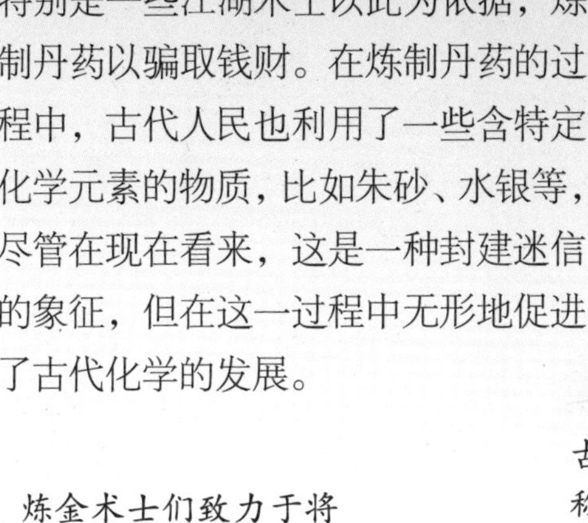

将化学贡献给真正的医学

科学就像大浪淘沙，总会将虚假的伪科学淘汰掉。炼金术与炼丹术自然不会一直存在。当一些化学家们幡然醒悟，化学的闪耀时刻也就来临了。当时欧洲的一些医药化学家开始将化学贡献给真正的医学，他们在矿物、动植物中通过浸取、蒸馏等手段提取出药剂，并对它们的医疗效果以及生理效果加以研究。在当时的医药化学家们看来，人之所以会生病是因为人体元素的失衡，而化学药品可以改善这种失衡以达到治愈疾病的目的。

炼金术士们致力于将铁、铜等金属，变为昂贵的黄金。
炼金术士

▼ 药剂师的工作室

化学之父—罗伯特·波义耳

14—16 世纪欧洲的文艺复兴运动不仅促进了文学的变革，也使自然科学经历一场巨变。越来越多的人开始重视自然科学而不再依赖神学。炼金术不再受人追捧，化学研究也开始在一些科学家的摸索中遵循着科学发展的道路拨开重重迷雾，被人们所正视。

化学奠基人

罗伯特·波义耳是英国的化学家、物理学家和自然哲学家。在炼金术盛行的时代，他原本也受到影响。不过，他通过亲身实践体会到了化学应该被当作一门科学而不是一种欺骗的手段。他在 1661 年出版了《怀疑的化学家》一书，在其中系统地阐述了自己的化学实验方法，同时指出了炼金术士的迷信与无知。因此他被人们视为区分炼金术与化学的第一人，成为化学这一学科的奠基人之一。

波义耳主张化学研究的目的在于认识物体的本性。

◀ 波义耳

为化学元素下定义

古希腊的哲学家亚里士多德的元素说一直备受追捧，其权威性不容置疑。而随着化学的发展，瑞士医生帕拉采尔苏斯又提出万物是由盐、硫以及汞三种元素构成的说法。波义耳既没有否定亚里士多德的说法，也没有推翻帕拉采尔苏斯的理论。他认为元素本身应该是可见的，是真实存在且不能被普通的化学手段分解的实体。玻义耳的这个说法，成为化学发展的新起点。

波义耳常被称为第一位现代化学家。
马克思和恩格斯认为“波义耳把化学确立为科学”。

▲ 波义耳和他的助手在实验室

酸碱定义的由来

波义耳本身就是位实践家。他提取天然植物的汁液混合酒精做成溶液，滴在纸上进行试验，以检验溶液的酸碱性。这一方法直到现在还被广泛应用。他指出可以将蓝色汁液变成紫红色的物质为酸性，相反则为碱性，因此他成为第一位给酸和碱下定义的化学家。

小百科

波义耳定律：一定质量的气体在保持温度不变时，压强和体积成反比。

波义耳定律

除了化学方面，波义耳在物理学方面也有突出贡献。他对气体加以研究，还制作了一个空气泵，来辅助他的实验，得出了许多关于空气的理论。例如，生命离不开空气，物质燃烧也依赖空气。除此之外，他还发现了声音不能在真空中传播。最著名的空气弹性实验，使他得出了著名的波义耳定律。

▼ 波义耳的空气实验

波义耳把严密的实验方法引入化学中。

伟大的化学革命

17 世纪时，物理学在以牛顿为首的物理学家的引领下已经成为一门自带光环的独立学科。而这时的化学界还在混沌中摸索着前进。直到法国化学界冉冉升起了一颗新星，推动了一场化学界的革命，他就是被誉为近现代化学奠基人之一的安托万－洛朗·德·拉瓦锡。

燃烧的氧化学说

18 世纪初期，德国的施塔尔提出的“燃素说”一直影响着整个化学界的走向。当时拉瓦锡也对此并不怀疑。直到 1774 年英国化学家约瑟夫·普里斯特利将自己进行的氧化汞加热实验告诉拉瓦锡，才使他对“燃素说”产生了质疑。当时他有一个自己的实验室。在这里他重复了普里斯特利的实验，并在随后的几年时间中不断改良和研究，终于得出了关于燃烧的新结论——氧化学说。于是拉瓦锡为我们赖以生存的空气命名。不过当时他关于氧气的其他结论并不完全正确。

化学界的牛顿

1743 年，拉瓦锡出生在一个富裕的家庭。大学时他主修法律，不过在这期间他对自然科学产生了浓厚的兴趣，并自学了化学、数学和天文学等学科。21 岁时，他就绘制了第一份法国地图。25 岁时，他的一篇研究石膏的化学论文正式将他引入了科学界。此后他多次进行化学实验，得出了许多震惊世人的结论，使他成为如同化学界的牛顿般闪耀的明星。

▲ 拉瓦锡

拉瓦锡发现了空气是混合物，揭开了空气的本质。
曲颈瓶
玻璃钟罩

▼ 拉瓦锡提出氧化学说

早期的质量守恒定律

拉瓦锡在进行金属煅烧实验后，发表了一篇《燃烧概论》的报告。这其中不仅详细地说明了空气中有氧的存在，同时也证明了在化学反应中，物质虽然会改变状态，但其质量在反应前后却是不变的。这就是早期对化学反应中质量守恒定律的最好证明。

拉瓦锡是第一个运用和清晰解说质量守恒定律的人。

不算正确的元素列表

1789 年，拉瓦锡在他的《化学基础论》一书中将元素定义为“不能被分离的物质”。他还发现了除四元素之外的其他元素并汇制成表，尽管其中有许多内容并不正确。拉瓦锡还与其他科学家一起组成了一个化学命名法委员会，开发了一种为化学物质命名的体系，一直影响着后世。

拉瓦锡的《化学基础论》与牛顿的《自然哲学之数学原理》、达尔文的《物种起源》并称为世界自然科学史上的“三大名著”。
化学基础论
▼ 拉瓦锡夫妇
法国大革命时，拉瓦锡被判叛国罪，被送上断头台。

小百科

如果说拉瓦锡推动了一场化学革命，那这枚军功章有一半要归属他的妻子。玛丽－安妮·皮埃尔莱特·波尔兹不仅为他翻译了许多科学著作，还是他实验的小助手，为他记录了完整的实验记录，供后人研究。

元素周期表

在化学发展史中，元素周期表是一个不可忽视的里程碑。它的出现，让原本纷繁复杂的元素知识走向系统化，进而蜕变成一个有内在联系的整体。当时化学界还因此掀起了探索新元素、热衷研究无机化学理论的热潮。如今我们透过元素周期表，就可一窥化学科学的发展历程。

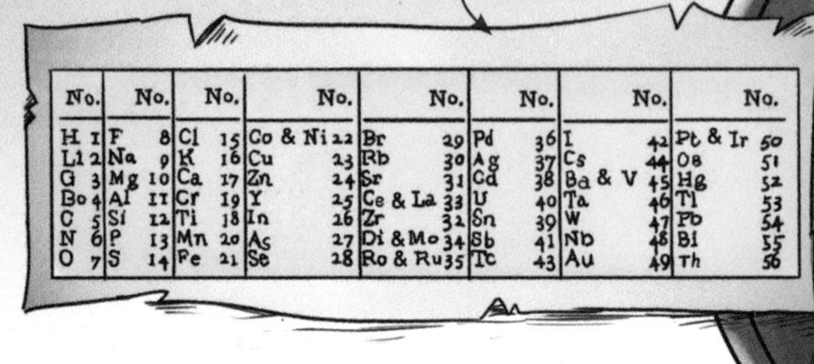

	No.		No.		No.		No.		No.		No.		No.		No.
H	1	F	8	Cl	15	Co & Ni	22	Br	29	Pd	36	I	42	Pt & Ir	50
Li	2	Na	9	K	16	Cu	23	Rb	30	Ag	37	Cs	44	Os	51
G	3	Mg	10	Ca	17	Zn	24	Sr	31	Cd	38	Ba & V	45	Hg	52
Bo	4	Al	11	Cr	19	Y	25	Ce & La	33	U	40	Ta	46	Tl	53
C	5	Si	12	Ti	18	In	26	Zr	32	Sn	39	W	47	Pb	54
N	6	P	13	Mn	20	As	27	Di & Mo	34	Sb	41	Nb	48	Bi	55
O	7	S	14	Fe	21	Se	28	Ro & Ru	35	Te	43	Au	49	Th	56

▼ 纽兰兹的“元素八音律”周期表

有关元素分类的尝试

众所周知，元素周期律是俄国化学家门捷列夫发现的。不过，他却不是对元素进行分类的第一人。在这之前，英国化学家纽兰兹以及法国矿物学家尚古多都意识到了“元素分类”的重要性。为此，他们或提出了相应理论，或发表了相关论题的论文。但可惜的是，这些观点并没有得到重视。

小百科

德国化学家迈耶尔也是走在研究元素周期表路上的先行者。他很早就注意到了元素化学性质与其原子量之间的关系。不过，他在1864年出版的《现代化学理论》一书中，对此只是稍做提示，并没有深入论述这个理论，以致于与发现元素周期表的“王冠”失之交臂。

门捷列夫全名为德米特里·伊万诺维奇·门捷列夫。

▼ 门捷列夫与元素周期表

踏出勇敢的一步

门捷列夫在撰写教科书的时候，感悟到了元素化学性质与其原子质量之间存在某种特定的关系，于是遵循原子序数的顺序，大胆地对已知元素进行了科学排序，列出了“元素周期表”。最特别的是，这个元素摩天大楼中还有空房间，代表着某些元素尚未被发现。

新元素

事实证明，门捷列夫的判断没有错。在接下来的时间里，元素周期表上那些空房间相继找到了主人。1875 年，人们发现了镓；1879 年，人们发现了钪；1886 年，人们发现了锗……虽然开始的时候，很多人对元素周期表提出了质疑，不过在 19 世纪 90 年代，人们已经承认了它的科学性，确信元素存在周期性。

完善元素周期表

之后的几年间，门捷列夫继续醉心于元素周期律的研究。1871 年，他发表了一篇名为《化学元素周期性的依赖关系》的论文，对元素周期律做了更深刻的阐述。门捷列夫还修改完成了一个新的元素周期表。新表不仅包含当时已知的 63 种元素，而且还对表格形式以及一些元素的位置进行了调整。此时，它已经更接近现代元素周期表的样子了。

元素的中文名用偏旁来表示特性，比如带有“钅”的多表示金属元素。

居里夫人

西方历史上最伟大的女科学家是玛丽·斯克罗多夫斯卡。听到这个名字你或许会有些陌生，但提到她的另一个称谓——居里夫人，你肯定会频频点头了吧。这位在化学教材中最常见到的伟大女性，一生都在为科学研究做贡献。在化学方面，她开创了一个新的学科——放射化学，在人类发展历史上写下浓墨重彩的一笔。

法国科学家，放射性核素活度的国际单位便是以贝克勒尔命名。

▲ 贝克勒尔

贝克勒尔的发现

居里夫妇的伟大发现是建立在贝克勒尔的研究基础上的。起初贝克勒尔在研究磷光物质的发光现象。1896 年，他发现包裹在黑纸中硫酸铀酰钾在未经暴晒也无产生荧光的条件下仍然可以使照相的底片感光这一现象。于是经过仔细分析和实验，他发现了铀元素的放射性现象。

▼ 玛丽·居里发现放射性元素

铀元素，原子序数为92。
U
钍元素
Th
她是世界上第一个两获诺贝尔奖的人。

伟大发现的前期铺垫

天然放射性现象的发现，激发了居里夫人的研究兴趣。于是她在丈夫执教学校的一间阴暗潮湿的小破屋里开始了她伟大研究。居里夫人找到了许多有放射性的矿物来研究，得出了铀和钍都具有放射性的结论。不过这些发现都只是后来发现新元素的铺垫而已。

F·约里奥·居里
I·约里奥·居里
他们是玛丽·居里与皮埃尔·居里的女儿和女婿，凭借对人工放射性物质的研究而获得1935年诺贝尔化学奖。

▲ 约里奥·居里夫妇

朝新元素迈进

他们分析了大量矿物质依然没有得到其他的收获。直到居里夫人发现了一个沥青铀矿，它的放射性比纯铀要大上两倍不止。这一重大发现吸引了丈夫皮埃尔的注意。很快他们夫妇二人都全身心地投入到了这项研究当中。经过三年的艰苦实验他们终于发现了一种比铀强400倍的放射性元素——钋。这是居里夫人为了纪念她的祖国波兰而起的名字。随后她又驾轻就熟地发现了镭，一种比钋放射性更强的元素。至此，居里夫人打开了放射化学的大门，为化学向更深更广领域发展加足了马力。

用放射服务于医疗

放射性元素的发现，虽然是科学史上的一大成就，但其对人类也有一定的危害。居里夫人和她的女儿都因为长期暴露在放射性元素下而不幸患病离世。但居里夫人却一直致力于将放射性元素用于医疗研究。第一次世界大战时，她推动了X射线在医疗领域的应用。为前线战场配置了几十辆带有X射线的救护车，解决了为士兵查找受伤部位、拆除弹片的难题。同时她还将镭用于治疗关节炎，甚至是癌症。

小百科

居里夫人在1903年与丈夫和贝克勒尔共同获得了当年的诺贝尔物理学奖。她是历史上第一位获得过诺贝尔物理学奖和化学奖（1911年）的女科学家。

▶ X射线在医疗领域应用

化学狂人——莱纳斯·鲍林

莱纳斯·鲍林是20世纪最伟大的科学先驱之一。他一生致力于科学研究，曾广泛涉足化学、物理学、医学等多个领域，为人类的科学事业做出了非常突出的贡献。另外，这位科学天才还十分热衷于和平运动，在号召禁止核武器试验等方面做过种种努力。他也因此在获得诺贝尔化学奖之后，再次捧起了诺贝尔和平奖的奖杯。

▼ 化学、哲学博士鲍林

痴迷化学

像很多科学家一样，鲍林也是一个天才少年。他自幼便对化学十分痴迷，经常喜欢钻研各种各样有趣的化学实验。他为此还特地在家里的地下室创造了一个实验室。1917年，鲍林开始在俄勒冈州立学院攻读化学工程相关课程。没想到，不久他就因表现抢眼，被学校邀请去给其他同学讲授化学课程。要知道，当时的鲍林就已经掌握了很多化学领域的前沿知识了。

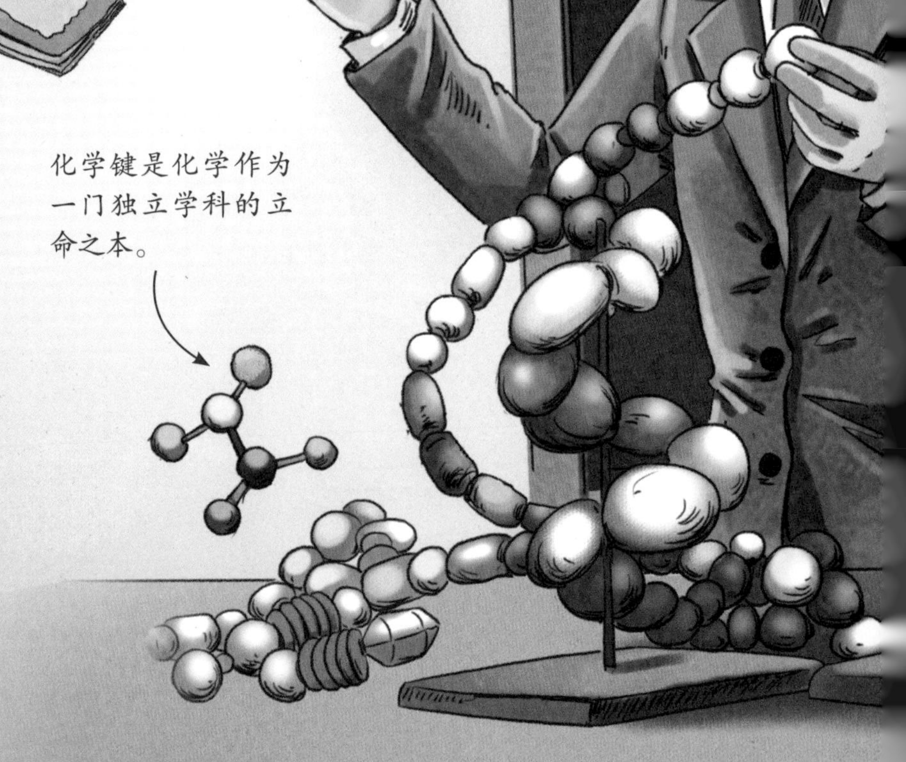
▶ 鲍林在演讲

化学键是化学作为一门独立学科的立命之本。

探索化学键的本质

鲍林24岁时就获得了化学博士学位。1927年，他结束了两年的欧洲留学生涯，在留学期间结识了很多化学大师。趁此机会，他和化学大师们就各种学术问题进行了深入交流和讨论。事实证明，这次留学经历为鲍林日后取得各种辉煌成就打下了坚实的基础。

从 1928 年起，鲍林开始探究化学键的本质。他通过运用一些物理学方面的技术，经过努力钻研，最终有了突破性的新发现。鲍林发现，化合物分子内部的电子运行轨道是叠加或混合的。这就是著名的“杂化轨道论”。此外，在有机化学以及量子化学等方面，鲍林还创造性地提出了很多理论和概念。可以说，鲍林一个人改写了 20 世纪的化学历史。1954 年，鲍林凭借“在化学键本质及其用于阐明复杂物质结构方面所做的研究”获得了诺贝尔化学奖。

小百科

1939 年，鲍林的伟大著作《化学键的本质》出版了。这本书在化学历史上具有无可替代的重要意义，一度成了美国化学专业学生的必修教材。

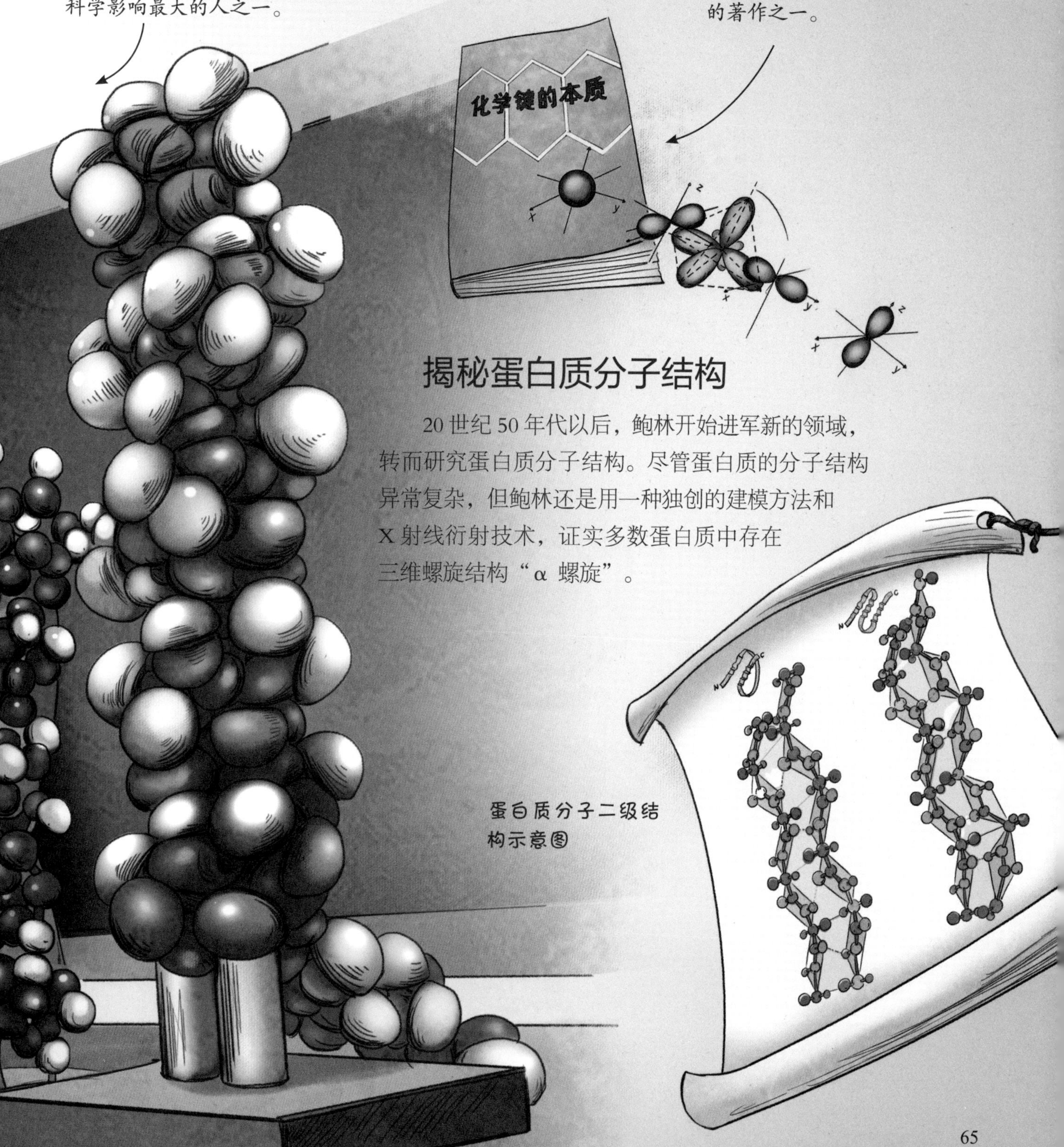

鲍林被认为是20世纪对化学科学影响最大的人之一。
《化学键的本质》被认为是化学史上极为重要的著作之一。
化学键的本质
蛋白质分子二级结构示意图

揭秘蛋白质分子结构

20 世纪 50 年代以后，鲍林开始进军新的领域，转而研究蛋白质分子结构。尽管蛋白质的分子结构异常复杂，但鲍林还是用一种独创的建模方法和 X 射线衍射技术，证实多数蛋白质中存在三维螺旋结构“α 螺旋”。

合成化学

说实在的，这是一个与我们生活息息相关的研究领域。在我们日常生活中有许多合成物品，比如塑料、尼龙、药品等。合成化学，将简单的原始材料运用化学工艺，变成了另一种全新的有机化合物。这种操作就像是一种魔法一样。

▲ 埃米尔·费歇尔

逆合成分析

在化学合成系统中，化学家们出奇一致地遵守一条法则，那就是先获取一种原始材料，再经过一系列化学方式操作，合成想要的物品。然而总有一些科学家就喜欢不走寻常路。艾利亚斯·詹姆斯·科里就是这样一位化学家。他建立了逆合成分析法，就是将已合成的物品通过转化，逆向开展分析以得出它的原始材料。这一方法，在合成药剂方面尤为成功。

发现天然化合物的联系

19 世纪有机合成化学在众多化学家的研究中不断升华与创新，一时间人工合成似乎越来越普遍。尽管维勒打破了化学的传统生命力说，但化学家一直没有放弃在天然动植物、有机体物质的基础上进行化学研究。于是从德国有机化学家埃米尔·费歇尔确定了葡萄糖的链式结构以及合成葡萄糖开始，以天然产物合成化合物的新领域开始向众多化学家敞开了大门。费歇尔改进了处理氨基酸的方法，成功合成了由 18 种氨基酸组成的多肽。在他的研究成果基础上化学合成似乎变得越来越贴近我们的生活。

中国的合成领域

当西方化学研究进行得如火如荼时，我国的合成化学也在众多化学家的努力下稳步发展。1958 年，我国的化学家在由汪猷、邹承鲁等为领导者的研究小组带领下，在人工全合成结晶牛胰岛素方面取得了重大成就。

▲ 艾利亚斯·詹姆斯·科里

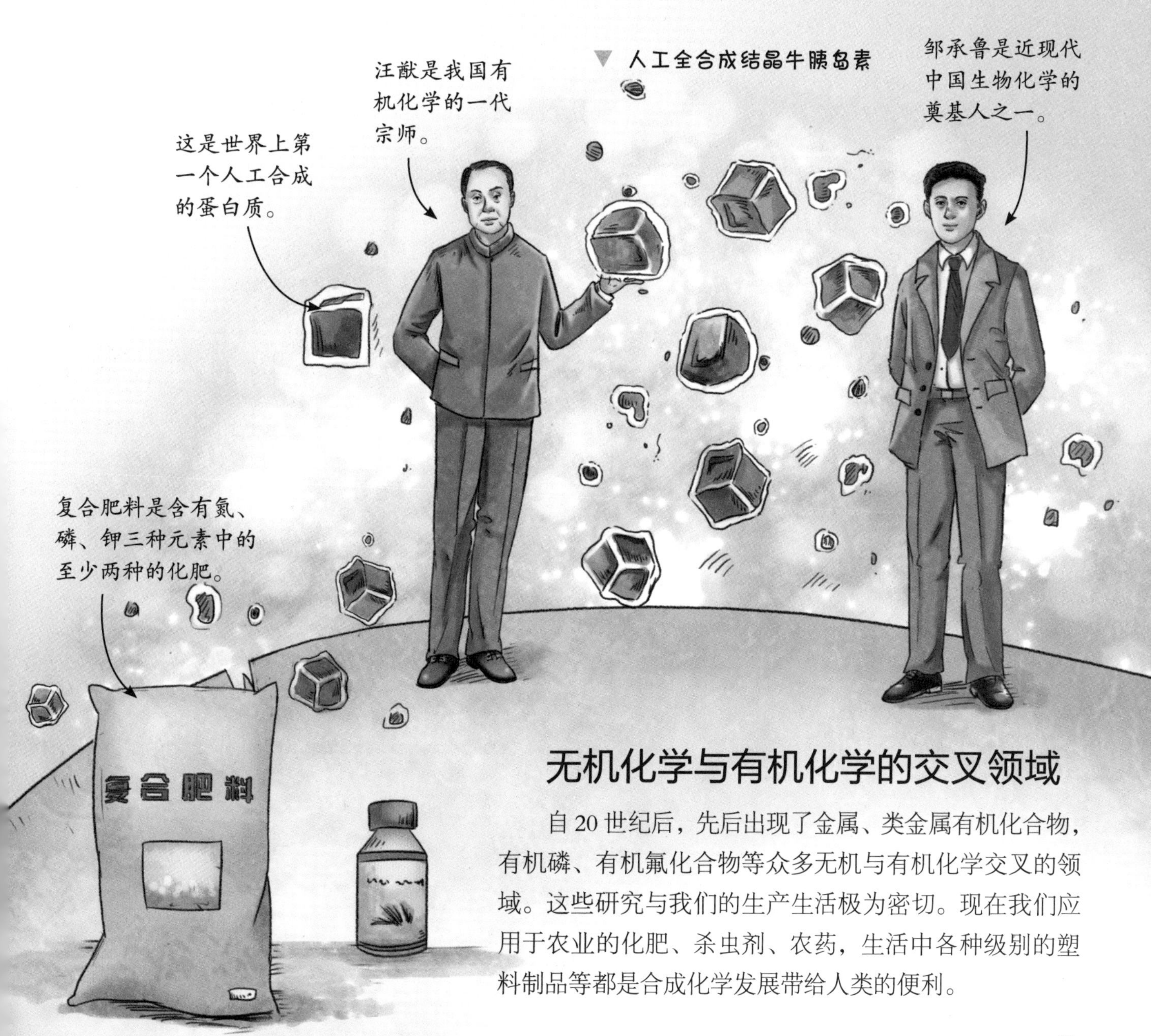

汪猷是我国有机化学的一代宗师。
邹承鲁是近现代中国生物化学的奠基人之一。
这是世界上第一个人工合成的蛋白质。
复合肥料是含有氮、磷、钾三种元素中的至少两种的化肥。
复合肥料

▼ 人工全合成结晶牛胰岛素

无机化学与有机化学的交叉领域

自 20 世纪后，先后出现了金属、类金属有机化合物，有机磷、有机氟化合物等众多无机与有机化学交叉的领域。这些研究与我们的生产生活极为密切。现在我们应用于农业的化肥、杀虫剂、农药，生活中各种级别的塑料制品等都是合成化学发展带给人类的便利。

渗入多领域的化学

翻开化学发展的史册，我们不难发现，20 世纪是化学学科的鼎盛时代。在这期间，不仅出现了多个分支学科以及足以改变化学进程的科学理论，而且化学研究也从传统的本领域向其他领域渗透。这些交叉学科帮助我们解决了不少悬而未决的难题，促使科学界兴起了一股新的浪潮。

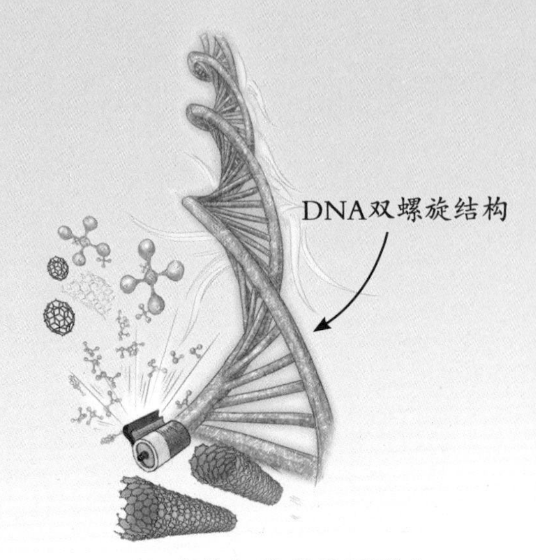

▲ 生物与化学强强联合

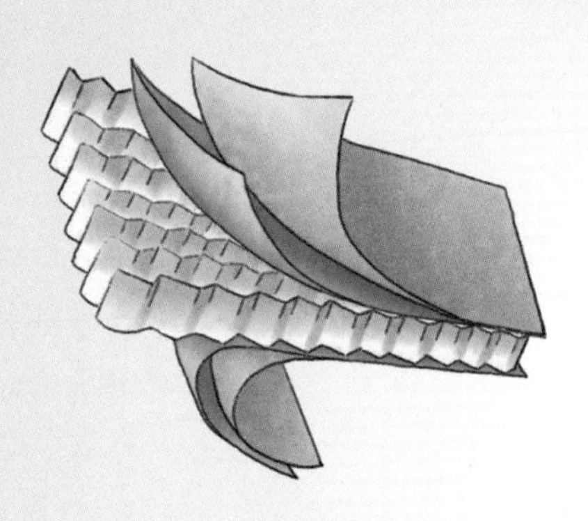

▲ 化学新材料

材料化学

化学的发展为材料科学带来了前所未有的强大动力。一批又一批优秀的科学家们因为参透化学奥秘，研发出了一系列的新材料，非金属材料、有机高分子材料、复合材料、纳米材料……它们有多重要？我们身边的电视、光纤、锂电池等都是材料化学的产物。正是化学让材料科学充满了无限可能。

复合材料可以用于飞机外壳、机翼等各方面。

生物化学

随着时间的推移，科学家们在研究生命运动规律、探索生命现象等活动的过程中慢慢发现，有些生物难题依靠化学方法居然迎刃而解。可以说，20 世纪生命科学之所以取得那么多进展，有很大一部分功劳要归功于化学的加入。无论是 DNA 双螺旋结构的发现，还是聚合酶链式反应的发明等重要成果，都离不开化学技术的强助攻。

克鲁岑三人指出含氯的氟利昂中的氯原子会破坏臭氧层。

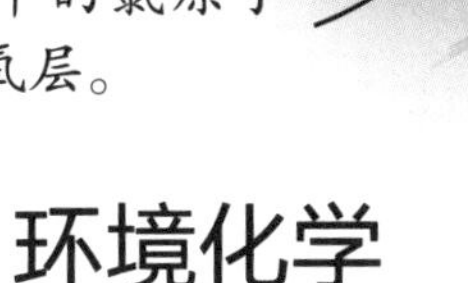

▲ 化学家在环保方面有重要发现

众多高科技的发展是建立在材料化学的基础之上的。

环境化学

20 世纪，世界经济一路高歌猛进，呈现出腾飞发展的态势。不过，环境问题却被忽视了。渐渐地，各种环境污染问题接踵而至。为了控制污染，力求人与自然和谐发展，一些科学家们便开始了有关环境的化学研究。例如，化学家保罗·克鲁岑、莫利纳和罗兰都曾在“平流层臭氧化学”方面做出过突出贡献。他们也因此在 1995 年获得了诺贝尔化学奖。

绿色化学

同环境化学一样，绿色化学也是一门 20 世纪兴起的新学科。不同的是，绿色化学存在的意义在于利用化学方法或原理减少和消除各种原料、催化剂等产生的污染。例如，人们在生产聚苯乙烯泡沫时，会用二氧化碳代替原有的有害成分氟氯烃；很多煤电厂则会通过等离子体除硫技术来严控二氧化硫排放，以免破坏地球环境。

▶ 化工厂

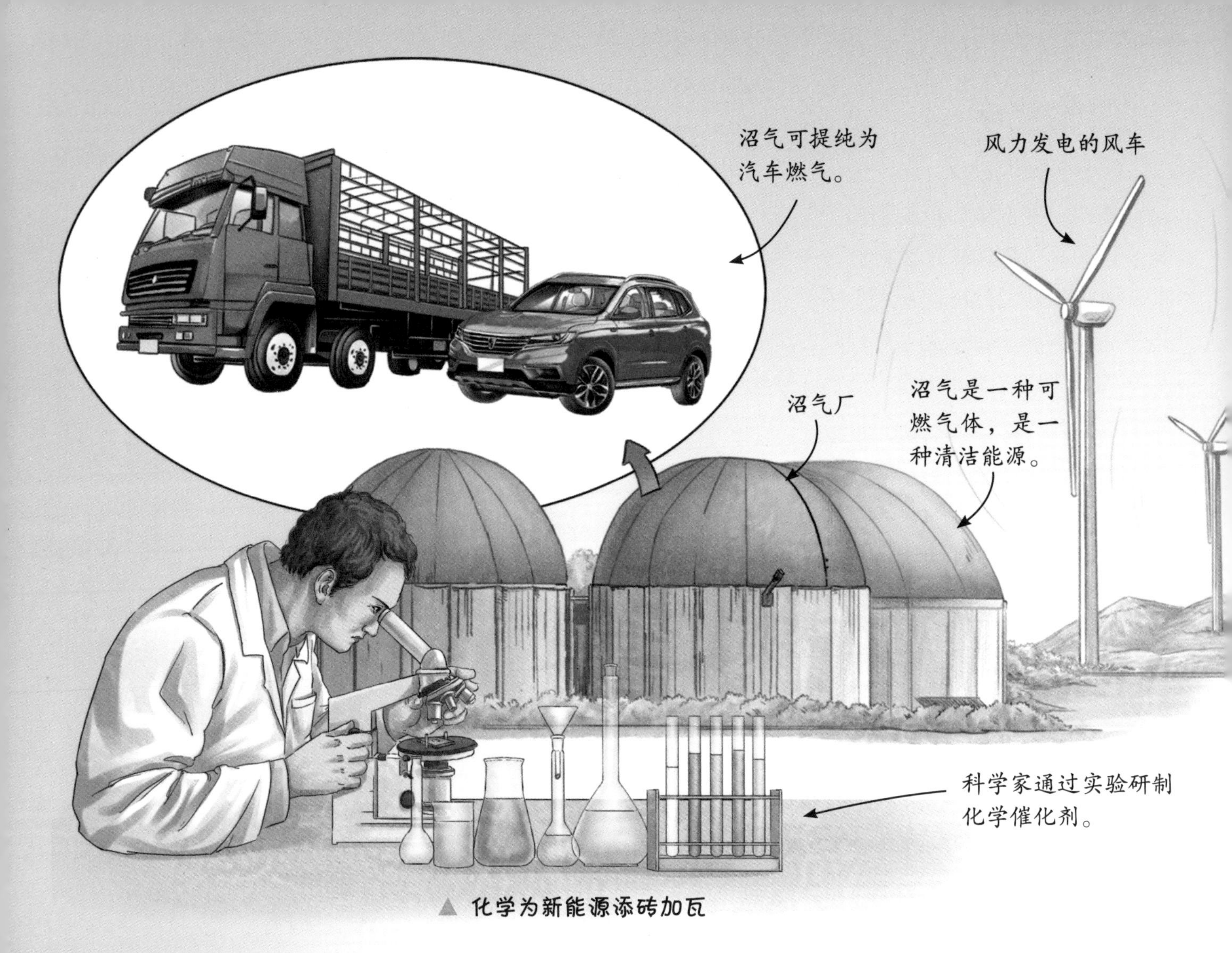
沼气可提纯为
汽车燃气。
风力发电的风车
沼气厂
沼气是一种可
燃气体，是一
种清洁能源。
科学家通过实验研制
化学催化剂。

▲ 化学为新能源添砖加瓦

能源化学

地球上很多能源都是不可再生的，一旦消耗殆尽便可能会消失。科学家们在长期的实践和探索中，发现通过一些化学方式可以帮助我们找到一些可代替现有化石能源的新能源。改良生产装置，发明更高效的催化剂，用人工合成物质替代某些不可再生的原料，充分利用风能、太阳能等，都是通过化学途径缓解能源危机的有效方法。

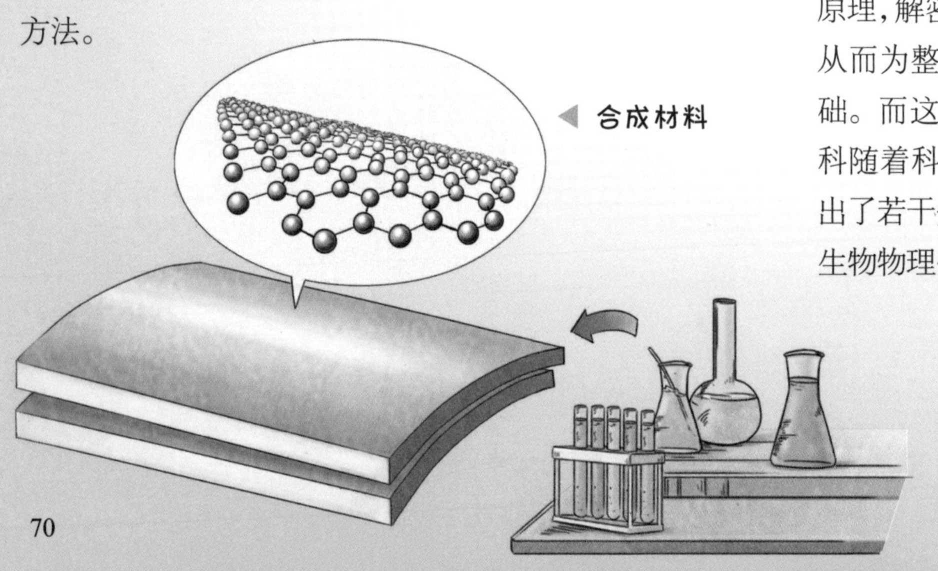

◀ 合成材料

物理化学

物理和化学的关系非常亲密，如同一对好兄弟。纵观这两大学科的发展历程，我们可以清晰地看到，它们一直在共同进步。进入 20 世纪以后，很多化学家充分运用物理实验技术和原理，解密了不少化学性质、化学规律，从而为整个化学体系的完善奠定了基础。而这门被称为“物理化学”的学科随着科技前行的脚步，又开始演变出了若干分支学科，如物理有机化学、生物物理化学等。

药物化学

伴随化学科技的进步，药物化学也得到了充分发展。药物化学是集多种学科于一身的特殊学科，对我们研究、设计以及合成各种药物具有非常重要的意义。在制药的过程中，只有充分研究药物的化学结构、性质等，才能明确它们在实际临床应用中可以治疗哪种疾病，具有怎样的效果。

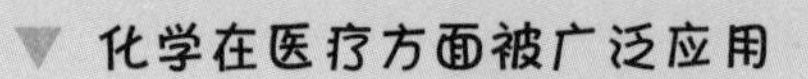
▼ 化学在医疗方面被广泛应用

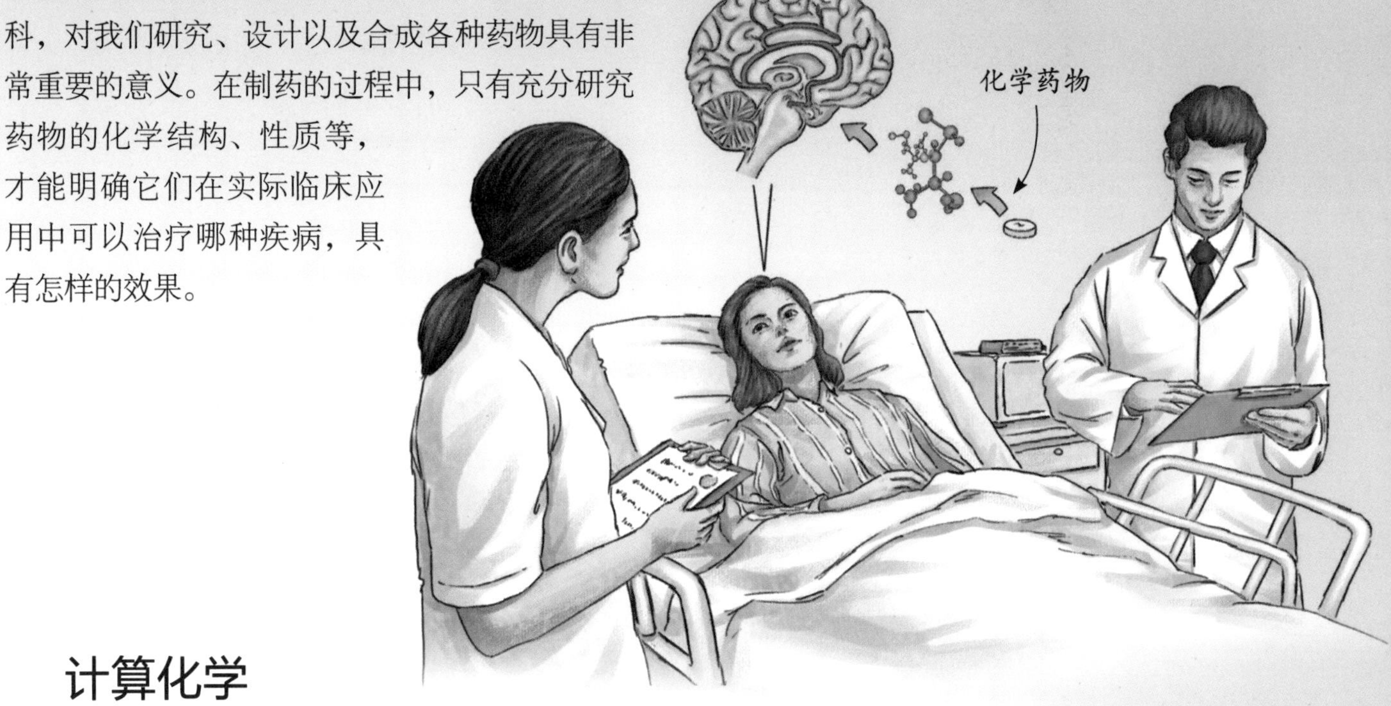

计算化学

如今，化学家们不必再像以前一样，整日待在实验室里与各种实验器材和试剂为伍了。计算化学的出现，让化学家们即使坐在电脑前，也能深入化学世界，探索各种化学奥秘。例如，我们在研究锂硫电池的机理时，就可以运用计算机将一系列的科学计算方法与实验特性结合起来，揭秘其化学本质。

在进行某些化学计算的过程中，科学家往往会用到计算化学模拟软件。

创造新可能

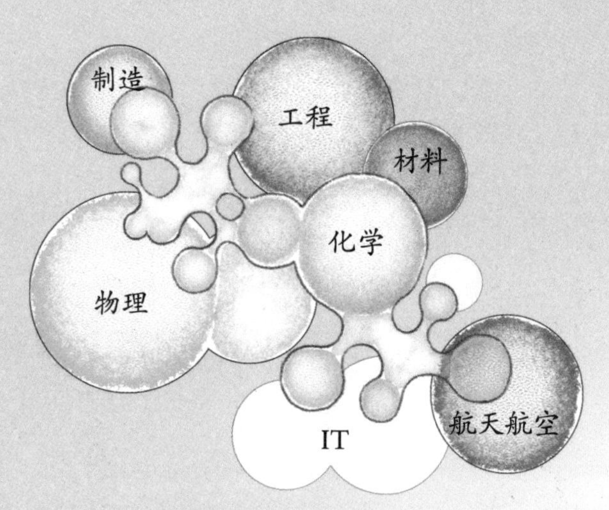

▲ 各学科紧密结合

在过去的一段时间里，人类科学取得了一系列举世瞩目的成就。而化学作为其中的一个重要分支，同样用数不清的伟大成果描绘出了属于它的宏伟蓝图。虽然我们无法预知，未来化学会给世界带来怎样的惊天巨变，但或许可以根据现在的趋势，一窥化学未来的发展方向。

更多学科的融合

未来，化学应该不再局限于与某一个单一学科搭档，而是会与更多学科实现更大范围的合作。到那时，多个学科会互相交叉、渗透，你中有我，我中有你，向综合性学科的方向发展。这也就意味着，它们彼此之间可以充分相互促进，从而多个学科携手并进。

更环保、节能、绿色的化学

随着环境污染、能源消耗问题日益突显，化学科学也开始面临这样或那样的挑战。现如今，人们在进行化学研究时，已经将环保作为重要的考虑因素。未来，相信我们会研发出更高效、洁净的化学技术；太阳能、燃料电池等有关新能源的化学成果则会普遍应用到生产、生活当中来；稀土等稀有矿产的分离、加工以及利用技术也会变得更加成熟。

▼ 化学实验室

严格按照实验步骤进行实验。
移液器
实验室中要穿戴实验服。
实验器材

五花八门的新材料

材料化学一直是化学科学进步路上的体现者。小到我们的衣食住行，大到国家级工程，都少不了它们的身影。未来，合成材料仍将是材料化学发展的主力军。不过与现在不同的是，那时的合成材料不但种类更多，而且结构会更高级，应用领域也会变得更广泛。

小百科

20世纪60年代以来，人们在模拟酶方面已经取得了突破性进展。不久的将来，我们或许就能看到它以各种形式走进我们的生活。

让我们吃得更放心

近年来，人们对食品安全问题越来越重视。未来，如何利用化学方法改良食品的储存方式，研发出更安全的食品添加剂以及高效安全的农药和肥料，将是化学学科的一个拓展方向。可以肯定的是，在突飞猛进的化学科技影响下，我们的食品会更安全、更健康。

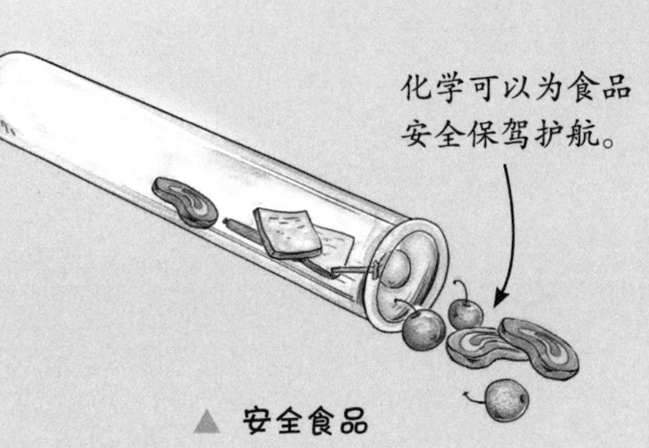

▲ 安全食品